増補改訂版

ケラチン繊維の力学的性質を制御する階層構造の科学

繊維応用技術研究会編

JN123143

ファイバー・ジャパン

発刊にあたって

　繊維応用技術研究会は，「温故知新」の諺（ことわざ）のごとく，企業における技術基盤の確立あるいは再構築を行い，新たな技術開発のエネルギーを蓄えることが重要であるとの認識に立ち，平成9年に設立された研究会です。その後，10数年経過しましたが，この間，繊維関連の教育環境は悪化する一方であり，繊維関連学問および技術の継承が危うくなりつつあります。故きを温ねようとしても，温ねるところがないという事態も起こりつつあります。特に，天然繊維に関してはこの傾向は顕著であり，「生きた知識」を学ぶことができないといっても過言ではないでしょう。

　現在の繊維業界を取り巻く厳しい環境を切り拓くには，今後ともこのような研究会が必要であり，これまで培ってきた研究会の財産を無にすることなく，新たな目標に向けて人的財産を活用していくべきであることは，研究会員一同認めるところであります。このような理念のもと，研究会のメンバーが中心となり，これまでの研究会における知的財産が繊維産業および関連産業を担う若手の勉学に役立つことを願い，繊維応用技術研究会編　技術シリーズを発刊することとしました。

　本書は，その第2弾として発刊するものです。著者である新井先生は，本会の発足時から「羊毛繊維の基礎講座」を担当していただき，本書の内容を何度となく講義していただきました。特に，大学在籍中に展開されていた「羊毛組織ごとのジスルフィド架橋の見積り」に関しては，ゴム弾性理論をもとに大変複雑な解析を駆使された貴重な成果であると思います。研究会では，この内容を何度か繰り返し講義していただいたのですが，なかなか理解できないものでした。

しかし，最近この手法を毛髪に応用することにより還元剤の作用部位の特定へと結び付いたことは，研究会で講義をしていただいたご苦労が実を結んだのではと喜びを感じる次第です。本書では，このほかにも羊毛繊維の高次構造や物理化学的特性，さらに SH/SS 交換反応などについても，ていねいにまとめていただいており，後進の良き指導書となっていることも特筆すべき点でしょう。さらに，これから羊毛や毛髪の研究開発に携わろうとする若き研究者にとって，先生が参考にされた引用文献は何より役立つものになることでしょう。

　本書の内容は，先生が長きにわたり研究されてきた成果の一つの集大成であり，研究を志すものだけでなく，繊維および美容技術者など多くの方々に役に立てていただけることを願う次第です。

　　2014年5月

編集委員長　上甲　恭平

（椙山女学園大学 教授）

発刊に寄せて

　ケラチンは，硬タンパク質の一種であり，毛や爪を構成している。ケラチンは多数のシスチンを含み，ペプチド鎖は多くのジスルフィド結合（SS結合）で網目状に結合している。一方，ケラチンで構成された毛髪や羊毛繊維は，キューティクル，コルテックス等により構成される階層構造を有している。このような階層構造とジスルフィド結合による架橋構造が，毛髪や羊毛繊維の優れた力学物性と関係していると考えられている。

　本書は，ケラチンコルテックスを構成するミクロフィブリルやマトリックスのジスルフィド結合による架橋構造に関する一連の研究にもとづいて，毛髪や羊毛繊維などケラチン繊維の力学物性と階層構造との関係を議論した，他に類を見ない画期的な内容を有している。構成分子であるケラチンタンパク質分子の詳細な説明，階層構造のもととなるキューティクルやコルテックスの説明，ジスルフィド結合による架橋構造，その構造による弾性発現，チオールとジスルフィド結合との交換反応，α構造からβ構造への転移が詳述され，最後にケラチン繊維の力学物性とその物性を制御する階層構造モデルが詳しく説明されている。ケラチン繊維の分子レベルでの構造や階層構造を詳細に学ぶことができ，また，構造がおよぼす力学物性への影響についても詳細な知識を得ることが可能で，ケラチン繊維を扱う研究者や技術者には打って付けの著作といえる。

　羊毛は，綿と比較すると量では圧倒的に少ないが，冬は温かく夏は涼しい熱伝導率の低さ，良好な吸湿性，燃えにくさ，高弾性による型くずれのしにくさやシワになりにくさのため，アパレル素材等としては欠かせない存在である。羊毛製品に耐久的な折目を付与したり，平面部のシワを防止したりするための形態安定加工では，ジスルフィド結合を還元剤で開裂したのち酸化再結合する機構を応用している。この現象を深く理解するためには，羊毛繊維の構造と物性に関する知識が必要であり，少しレベルの高い知識を得るために本書を利用していただきたい。

また，毛髪のパーマでは，第1剤に含まれる還元剤でジスルフィド結合を切断し，第2剤に含まれる酸化剤により変形した状態で酸化再結合している。第1剤に含まれるアルカリは，還元剤の促進作用だけでなく，毛髪中のイオン結合や水素結合の切断にも関係している。このように，われわれの周りでファッショナブルに行われているパーマも分子レベルで考えると，ジスルフィド結合と階層構造が深く係わっている。パーマ剤を開発する研究者・技術者だけでなく，パーマ剤を使用する美容師にとっても，その原理を高いレベルで学ぶために本書を活用していただきたい。

　以上のように，毛髪や羊毛繊維などケラチン繊維に係わる技術者・研究者だけでなく，それと関係する幅広い方々にとっても，ケラチン繊維の構造と物性を理解するための格好の書籍として，本書を活用いただきたく推薦する次第である。

　2014年4月

信州大学　繊維学部長

濱田　州博

（現・信州大学　学長）

発刊に寄せて

「新井幸三 博士をご存知ですか？」と，突然声をかけられた。日本ではなく，ニュージーランドでのことである。声をかけてきたのは，日本人ではなく，Dr. Warren G. Bryson, Wool Research Organization of New Zealand （WRONZ）のグループリーダー（当時）で，2001年1月のことである。当時私は，社内の異動で毛髪科学を研究することになり，新たな提携研究先として，WRONZ を訪問していた。その研究機関の Dr. Bryson のチームは，果敢に新しい技術で羊毛の研究に取り組み，Intermediate Filaments （IF）や Keratin Associate Protein （KAP）などの，タンパク質の解析や電子顕微鏡を用いた羊毛繊維の3次元微細構造解析などを，学会発表や学術論文発表において積極的に行っており，それはこれまでの羊毛研究にはあまりない，生化学的手法や微小構造解析に非常に長けたものであった。余談になるが，その後，WRONZ は Canesis と名前を変え，Dr. Bryson たちのグループは，日本人の毛髪の微細構造を私たち（花王）と共同で研究し，くせ毛の原因が，羊毛（メリノウール）と同様に毛髪内組織，特にコルテックス内の組織（オルト様とパラ様）の偏在性であることを明らかにしたのである。

　2001年に私がニュージーランドを訪問した理由は，日本の毛髪科学研究には古い知識はあるものの，新しい知見・技術は，もはや何も残っていないと思ったからであった。その私に，外国人，それも最新の研究者から発せられた想定外の，日本の研究者についての質問であったため，たいへん驚くとともに，日本の羊毛・毛髪研究の第一人者としての新井幸三 先生を知ることになった忘れ得ない思い出である。詳しく聞いてみると，実は Dr. Bryson は日本で羊毛の物性研究を新井先生に学んだことがあり，先生の人柄や研究姿勢に深く感銘したとのことであった。その当時は，恥ずかしながら先生をあまり存じ上げていなかったが，その後，2004年から参加した繊維応用技術研究会で，新井先生とは懇意にさせていただき，今さらながら Dr. Bryson の気持ちがよく理解できた。

新井先生は，1年に3回開催される繊維応用技術研究会で講師としてほぼ毎回講演されており，その誠意と熱意には本当に頭が下がる思いである。

　羊毛・毛髪研究の歴史も何度か講演され，今となってはあまり知られていない日本の技術者によるこれまでの貢献も紹介されている。講演内容も過去の研究だけではなく，ご自身で進められる研究に加えて，国内外の最新の研究成果を取り入れ，構造と物性の関係を常にアップデートされている。今回出版されるこの書籍には，そういった真摯であくなき探究心をお持ちの新井先生のこれまでの研究成果が収められており，研究の集大成ともいえる著作となっている。

　少しだけ内容を紹介すると，「ケラチン繊維の力学的性質を制御する階層構造の科学」と題して，羊毛・毛髪の基本構造から微細構造を解説され，その構造が力学的性質におよぼす影響を解説されている。また，その力学的性質に大きな影響をおよぼすシステイン残基のスルヒドリル基（SH基）についても詳しく解説されている。力学物性においてはこれまでのさまざまなモデルを検証され，最後に階層構造モデルを解説されている。毛髪・羊毛に携わるすべての人にとって，構造および力学的性質を知るうえで価値の高い書籍であり，新井先生の金字塔ともいえる研究成果であるといえます。先生は今もなお現役研究者（KRA羊毛研究所長）として，羊毛・毛髪の科学に興味を持たれておられます。本書がさらにアップデートされる日が来ることを，そのためにも新井幸三 先生のご健勝を祈念して，序文とさせていただきたい。

　　2014年4月

花　王　株式会社
ヘアケア研究所
小池　謙造

ケラチン繊維の力学的性質を制御する階層構造の科学

目　　次

第2章　キューティクルの構造 ……………………… 21

第3章　コルテックスの構造 …………………… 41

第4章　膨潤ケラチン繊維の弾性発現とジスルフィド架橋構造 …………… 57

第5章　ジスルフィド架橋の構造 ……………… 83

第9章　力学的性質を制御する階層構造モデル
···161

第10章　パーマネントウェーブ処理による毛髪内 SS 結合の切断と再生～ワンステップパーマへの夢～ ······189

はじめに

　羊毛の研究を始めてから40年余りが経過したが，当時（1967年）は日本の原毛輸入量が世界一になった頃である。1955年，Melbourne で第１回国際羊毛研究会議が開催され，５年ごとに開かれている。第４回の Berkeley（1970年）会議以来，第９回 Biella（1995年）まで，第７回東京（1985年）会議をはさんで毎回出席する機会に恵まれた。発表論文数も多く，毎回５分冊が刊行された。会議での討論は熱気を帯び，活発であった。集録された論文は質が高く，審査論文と同格に扱われ，学術誌に引用されている。開催国は，生産国（南半球）と工業国（北半球）と交互に選ばれた。会議は，第10回 Aachen（2000年），第11回 Leeds（2005年）まで続き，第12回は中国 Shanghai（2010年）で開催された。その間，羊毛不況が生産国を襲い，オーストラリアのタンパク質研究所の世界的に有名な研究者が解雇され，タクシーの運転手になったほどである。日本においても，羊毛工業の衰退と研究者の減少は目に余るものがあった。このような危機的な状況の中にあって，1997年（平成９年）に繊維応用技術研究会（上甲恭平 会長）が，天然繊維中心の研究会（年３回開催）として発足した。以来，第55回（2015年３月）を重ねている。本書は，研究会での講演内容をまとめたものである。

　木綿は単細胞繊維であるが，複雑な構造からなる細胞壁を持っている。これに対して，羊毛や毛髪はケラチンタンパク質からできた多細胞繊維で，植物繊維とは全く違った複雑さを備えている。それは，社会における階層構造のようなピラミッド型の階層構造からなっている。つまり，最上位の繊維は，膨大な数を擁する最下位の分子からなる細胞の集合体である。なぜ階層構造なのか。羊毛や毛髪の強靭な性質は，異なる階層とどのように係わって生まれるのか。その因果の関係を知るには，階層と階層の間に潜む関係を知ることが必要である。

本書は，ケラチンタンパク質の作る網目構造を視座に置いて，80年にわた
る研究の歴史的変遷を俯瞰し，何がどこまでわかり，わからないまま残され
ている問題は何か，を著したものである。また，ミクロフィブリルとマトリッ
クス構造間に介在する水分子が，力学的性質の発現にどう係わっているかを，
新しい階層構造モデルを用いて説明した。このモデルにより，羊毛のセット
や毛髪のパーマネントセット機構をはじめ，ブリーチやカラー処理により引
き起こされるダメージの本質を探り，ダメージ修復の原理を手にすることが
できると信ずる。さらに，研究の詳細に興味を持つ人のために各章末尾に関
係する文献を集録した。参考になれば幸いである。

　このたび，本書の増補改訂版を出版するに当たり，第10章を加えることに
した。本書の読者層に美容関連技術者が含まれることを知り，毛髪のパーマ
ネントウェーブ処理による SS 結合の切断と再生の問題を取り上げた。ダメー
ジの少ないパーマ処理を目指すための理論的根拠を示し，その解説を行った。
関係者のお役に立つことができれば幸いである。増補改訂版の出版に際して
は，繊維社から親切なご助言をいただいた。また，本書編集担当責任者から
複雑な原図の修正や文献の載録等に再校を重ねていただいた。ここに，厚く
感謝申し上げます。

　　2015年 6 月

KRA 羊毛研究所

所長　**新井　幸三**

（元　群馬大学 教授）

第1章

ケラチンタンパク質分子の形

1.1　はじめに

　羊毛や毛髪は，95％以上がタンパク質からできている。タンパク質には，繊維状タンパク質と球状タンパク質がある。毛髪や羊毛のようなケラチン繊維および絹フィブロイン繊維は，細くて長い繊維状のタンパク質分子の結晶が詰まっていて，引っ張っても容易に切断されない仕組みになっている。毛髪や羊毛繊維には，フィラメントと呼ばれる繊維状タンパク質に加えて，ほぼ同じ量のマトリックスと呼ばれる球状タンパク質が含まれている。球状タンパク質は，ラグビーボールのような楕円体の形に分子が詰まった固い構造をしている。この章では，タンパク質の成り立ちと，高分子としての形と分子の性質について述べる。

1.2　アミノ酸とタンパク質

　高分子の例として，ポリ袋など生活になじみ深いポリエチレンがある。ポリエチレンは，簡単なエチレン$-CH_2-CH_2-$を単位とする構造が，何千，何万，何十万も繰り返し長く連なった形の分子である。連続する繰り返し単位

$-(CH_2-CH_2)_n-$ の数，n のことを重合度といい，繰り返し単位（単量体）の分子量が M_0 ならば，その n 倍（＝nM_0）の量をポリエチレンの分子量という。タンパク質も，同じように α-アミノ酸を単位として長く「ひも」状に連なった高分子である。α-アミノ酸の化学式を図1.1に示す。塩基性のアミノ基（$-NH_2$）と

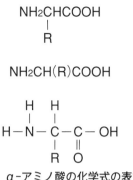

図1.1　α-アミノ酸の化学式の表記法

酸性のカルボキシル基（$-COOH$）が同じ炭素原子（C）に結合しているアミノ酸を α-アミノ酸といい，C 原子を α 炭素という。炭素原子には４つの結合する手があるので，α 炭素には二つの残った手があることになり，一つの手には水素原子（H）が，もう一つには「R」と記されたグループ（基）が結合している。α-アミノ酸には，L 体と D 体とがあって，それぞれ左手と右手の関係にあるが，天然に存在するアミノ酸は，なぜかすべて L 体である。表1.1に，さまざまな R 基を持つアミノ酸の名称と略号を示す。天然には約20種類あるが，表1.1では18種類を記した[1]。

　アミノ酸は，生体内で酵素の力を借りて互いに脱水しながら結合していく。これをペプチド結合といい，タンパク質はこのような結合を多数持ったポリペプチドである。図1.2にそのようすを示す。ポリペプチド鎖（タンパク質分子鎖）の R 基を R_1，R_2…と記したが，それらを側鎖という。また，タンパク質分子を構成するアミノ酸の単位のことを残基という。

　図1.2に，反対方向の矢印で加水分解反応を示した。あるタンパク質がどんなアミノ酸からできているかを知るために，タンパク質を個々のアミノ酸にまで加水分解してからアミノ酸分析計に掛けると，各アミノ酸含有量がほとんど自動的に分析され，その量を知ることができる。そして，タンパク質のあるアミノ酸の量を100残基当たりの残基数として表わすことができる。表1.1から

表1.1 毛髪，羊毛，絹フィブロインタンパク質中の L-アミノ酸［NH₂CH(R)COOH］残基の名称，側鎖 R 基の略号，1 文字表示およびアミノ酸含有量[*]

名称	側鎖（R 基）	略号	1文字記号	毛髪	羊毛	シルク
グリシン	$-H$	Gly	G	5.8	8.6	44.5
アラニン	$-CH_3$	Ala	A	4.5	5.3	29.3
バリン	$-CH(CH_3)_2$	Val	V	5.4	5.5	2.2
ロイシン	$-CH_2CH(CH_3)_2$	Leu	L	5.9	7.7	0.5
イソロイシン	$-CH(CH_2CH_3)CH_3$	Ile	I	2.6	3.1	0.7
セリン	$-CH_2OH$	Ser	S	11.9	10.2	12.1
トレオニン	$-CH(OH)CH_3$	Thr	T	7.4	6.5	0.9
プロリン		Pro	P	8.2	5.9	0.3
アスパラギン酸	$-CH_2COOH$	Asp	D	5.3	6.4	1.3
グルタミン酸	$-CH_2CH_2COOH$	Glu	E	12.5	11.9	1.0
リシン	$-CH_2CH_2CH_2CH_2NH_2$	Lys	K	2.4	3.1	0.3
アルギニン	$-CH_2(CH_2)_2NHC(=NH)NH_2$	Arg	R	6.3	6.8	0.5
システイン	$-CH_2SH=1/2-(CH_2SSCH_2)-$	Cys	C	16.6	10.5	0.2
メチオニン	$-CH_2CH_2SCH_3$	Met	M	0.5	0.5	0.1
ヒスチジン		His	H	0.8	0.9	0.2
トリプトファン		Trp	W	—	—	0.2
フェニルアラニン		Phe	F	1.7	2.9	0.6
チロシン		Tyr	Y	2.1	4.0	5.2

[*] 100残基当たりのモル数

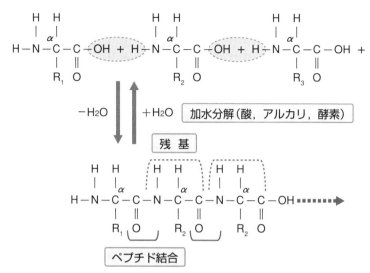

図1.2　α-アミノ酸（NH₂-CHCOOH）の脱水反応とペプチドの加水分解反応

わかるように，側鎖は，大きいものや小さいもの，水に入れるとイオンになり酸性や塩基性を示すもの，親水性や疎水性のものなど性状の異なるさまざまなものがある。

1.3　タンパク質分子のイメージング

　図1.3(a)に，1本のタンパク質分子を示すが，図1.2からわかるように，分子の一方の末端には−NH₂基があり，ペプチド結合で連なった鎖のもう一つの端には必ず−COOH基があることになる。ここで鎖の方向を決めておく。−NH₂基から−COOH基の方向に矢印を書き，鎖の方向を示すことにする。1本の分子は紙面上に静止し，はっきり見ることができるが，実際は激しく熱運動しており，あたかもスパゲティーが皿の上でのたうち回っているような気持ち悪い状態が，分子の姿である。分子は，ミミズのように曲がることができるからである。

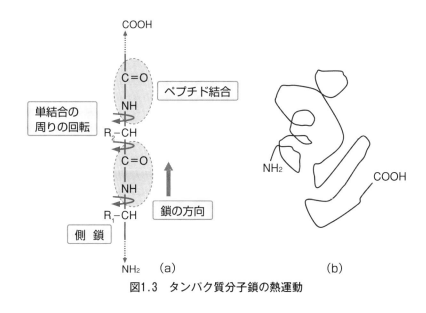

図1.3　タンパク質分子鎖の熱運動

　では，どこが曲がることを可能にしているのであろうか？それは，単結合の周りの回転が許されるからである。二重結合や多重結合では，固くしばられているので回転はできない。また，ペプチド結合や−HN−C(＝O)−のN−C結合は，見かけ上，単結合のように見えるが，実際は二重結合の性質を持っているため回転できないことがわかっている。したがって，−[HN−C(＝O)]−は一体となって運動することはできても，別々に運動することはできない。ここで，頭の中で1本のタンパク質の分子を目に見えるものとして思い浮かべた時，分子は，単結合の回転運動を通して激しく動き出し，時々刻々その形を変えるに違いない。そして，その平均的な一瞬を捉えれば，図1.3(b)の形を取ると思われる。このように，1本の分子を取って考えれば，分子の形はまことに不安定極まりないものであることがわかる。

1.4　システンの SS 架橋の役割

　表1.1におけるアミノ酸の種類に，ケラチンタンパク質の形態や性質に深く関係するシステインがある。システインの R 側鎖は，$-CH_2-SH$ のように還元型で記述されているが，毛髪や羊毛繊維の中では，システインの大部分は酸化型のシスチン結合（$-CH_2-S-S-CH_2-$）を作っている。これをシスチンの SS 架橋という。図1.4(a)のように，1 本の分子内にある SS 結合を分子内架橋，そして図1.4(b)のように 2 本の分子の間にあって隣り合う分子どうしを結合しているものを分子間架橋という。SS 結合は，分子の形を安定化する役割を果たしている。SS 結合が分子内でも分子間でも多くなればなるほど，図1.3に示したような回転運動は束縛され，結果，非常に安定な分子構造を持つことになる。分子の形をさらに安定化するには，図1.3(b)のような状態では，いくら分子を集めても安定化することはできないが，安定化のためには，多くの分子を規則正しく並べて分子間の空間をできるだけ埋め，つまり結晶化させてやれば，結晶の中の分子は安定になるはずである。

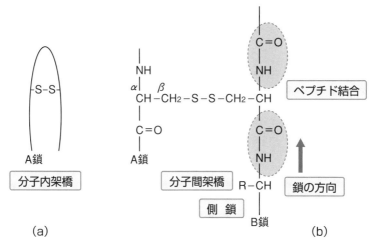

図1.4　システンのジスルフィド（SS）結合によるケラチン分子鎖の架橋構造

1.5　自然が選択した結晶化の原理

1.5.1　ノブ－ホールパッキング

　自然は，結晶化させるために二つの方法を選択した。一つは，小さい側鎖を持つ分子を平面上に並べる方法であり，図1.5に模式的に示す。分子間の空間は，側鎖の作る「こぶ」と相対する分子側鎖の作る「穴」がぴったりと合って，無駄な空間がなくなるように側鎖が充填されている。この配列を「knob-hole-packing：ノブ－ホールパッキング」と呼んでいる。

　表1.1の最後の欄に示したシルクフィブロインのアミノ酸の種類と含量を見ると，全体の残基数を100とした場合，グリシン（Gly），アラニン（Ala），セリン（Ser）のような小さい側鎖を持つア

ノブ－ホールパッキング
(knob-hole-packing)

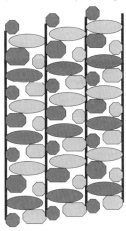

図1.5　小さい側鎖を持つ分子が結晶する時の側鎖の充填と配列原理
(knob-hole-packing)

ミノ酸の残基数は85.9残基（＝44.5＋29.3＋12.1）で，シルクタンパク質の大部分を占めている。図1.6はシルクフィブロイン繊維の結晶部分の分子配列を示しているが，図1.5のような典型的な「ノブ－ホールパッキング」を取った結晶で，βプリーツドシートと呼ばれている。図1.6(a)は，ペプチド鎖の方向を互い違いに並べた逆平行鎖，それに対して(b)は，同じ方向に並べた平行鎖で，点線は水素結合といい，小さい水素原子が C＝O…H－N との間に存在する結合で，相対する鎖間にたくさん生まれ，二つの鎖を強く結び付けている。水素結合の方向は，(a)では鎖に垂直であるのに対して(b)では偏っているので，(a)の方が(b)より安定な構造と予想されるが，実際そのとおりである。

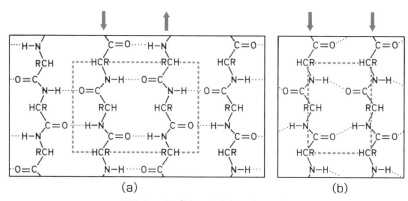

図1.6　βプリーツドシートモデル

分子鎖の並べ方：(a)ペプチド鎖の方向を互いに違いに並べた逆平行鎖。(b)同じ方向に並べた平行鎖。点線は水素結合といい，小さい水素原子を C=O…H-N との間に挟んだ結合で鎖間にたくさん生まれ，二つの鎖を強く結び付けている。結合の方向は，(a)では鎖に垂直であるのに対して(b)では偏っていることから，(a)の方が(b)より安定な構造となる。

図1.7は，羊毛繊維を伸長して生成されたβ結晶の電子密度マップである。電子の多いところの等高線が混み合って高くなっている。水素原子は電子がわずか1個で，マップには記録されていないが，分子鎖は逆平行鎖で側鎖間には水素結合が点線で示れている[2]。

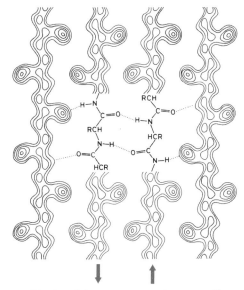

図1.7　βケラチンの電子密度マップ[2]

1.5.2　らせん[注1]

側鎖の種類が多く，大きさの異なるアミノ酸残基を含むタンパク質の場合には，図

ランダム鎖 αヘリックス鎖

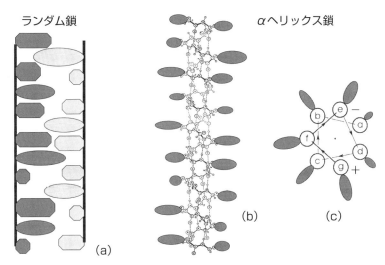

(a)

(b)

(c)

図1.8 結晶形におよぼす側鎖の影響

(a)らせんを巻き,大きな側鎖を外側に出し,分子内で水素結合が形成され分子が安
定化するαヘリックス鎖の模式図。
(b)らせんの底の方から見た図。
(c)αヘリックス鎖が2本鎖のように捻られたコイルドーコイル分子の模式的表現。

1.5(a)のように,「ノブーホールパッキング」による充填様式を取れるように
は思われないので,図1.6のβ型結晶の生成を期待することはできない(図
1.8(a)参照)。このような時,自然の選択した結晶化のもう一つの方法が,「ら
せん」である。図1.8(b)(c)に,らせん(ヘリックス)の横および上から見た模
式図を示す。タンパク質の分子鎖自身は,らせんを巻いて,らせんの外側に側
鎖を突き出し,分子内に水素結合を形成して安定化する方法である。これなら

注1)「らせん」の命名法
p_q らせんの定義:p個のモノマー(アミノ酸残基)がq回巻いて1周期とな
るヘリックス。最初のアミノ酸残基の側鎖を一番下の右側に置く時(図1.9(a)
参照),5回巻くとちょうど5回目の側鎖の位置が,最初の側鎖の位置の真上
にやってくる。つまり,5回巻くと1周期になるので,5回巻くのに要したア
ミノ酸残基数は18個(=3.6×5)で1周期となるような「らせん」である。α
ヘリックスは,「らせん」の定義にしたがえば,18_5「らせん」である。

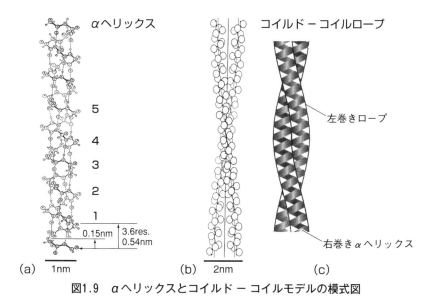

図1.9　αヘリックスとコイルド − コイルモデルの模式図
(a) Pauling & Corey モデル[3]　(b) Crick モデル[4]　(c)図(a)(b)を合わせてモデル化したもの

ば側鎖の大きさには影響されず，らせんを巻くことによって分子は安定化され，結晶化させることができるわけである。

　表1.1の第5欄および第6欄に，毛髪と羊毛のアミノ酸含量を示す。シルクフィブロイン繊維と大きく異なり，すべてのアミノ酸がまんべんなく存在するタンパク質であることがわかる。これらタンパク質の一部の構造が，図1.9(a)に示すαヘリックスである[3]。通常，αヘリックスの特徴は，らせんを巻いた分子軸に沿って繰り返されるピッチ（一巻きで進む距離）は0.54 nm であり，一巻きするのに必要なアミノ酸残基の数は3.6残基である。つまり，1残基当たりの長さは，ヘリックス軸に沿って0.15 nm に相当している。αヘリックス分子は，さらに2分子が集まり，互いに縄のように撚られて安定化され，いわゆる coiled–coil rope（コイルド−コイルロープ）を形成して存在することが明らかにされた[4]。コイルド−コイルロープの分子軸（主軸）に対して18°傾いているので，ピッチは0.51 nm（＝0.54 cos18°）である。模式図を図1.9(b)(c)

に示す。毛髪や羊毛タンパク質の α ヘリックスは右巻きで，コイルド－コイルロープは反対の左巻きである。しかし，毛髪や羊毛ケラチン繊維のフィラメントの構造は，こんな簡単なものではないことがわかってきた。

1.6　ケラチンタンパク質の構造

1.6.1　IF フィラメントタンパク質複合体

　羊毛や毛髪のようなケラチン繊維は，イオウ（S）原子を含むさまざまなタンパク質からできている。イオウ原子は，二つの S 原子を持つシスチンというジアミノ酸として，タンパク質に組み込まれている（図1.4参照）。タンパク質には，大きく分けてシスチン（Cys）含量の低い（Low-S）タンパク質と，Cys 含量の高い（High-S）タンパク質の 2 種類がある。前者はミクロフィブリルを構成していることからミクロフィブリルタンパク質とも呼ばれ，後者はミクロフィブリルを包埋しているマトリックス物質の構成成分であり，マトリックスタンパク質と呼ばれている。前者は，哺乳動物の細胞に含まれる中間径フィラメントタンパク質[5] と同じ構造を持ち，IF（intermediate filament protein）と呼ばれ，後者は，フィラメント結合タンパク質，IFAP（intermediate filament associated protein）あるいはケラチン結合タンパク質，KAP（keratin associated protein）とも呼ばれている。

　IF タンパク質は，かなりの部分（全部ではないが，約85％），らせんの形（α ヘリックス）を持つ分子量約50,000の分子である。この分子 2 本が互いに巻いて，coiled-coil rope（コイルド－コイルロープ）すなわち IF 分子を形成し，さらに一対のロープが集まって 4 分子集合体（4 量体）となる。この集合体が単位となって，円筒状に 8 単位集合し，ミクロフィブリルを構成する[6],[7]。この集合体を中間径（10 nm）フィラメント（IF）と呼んでいるが，どのようにロープが集合しているのかなどの細かいことは未だわかっていない。

　ロープ末端（N, C 末端）は，α ヘリックス構造を取らず，プロリン（Pro）

や Cys 残基（タンパク質の鎖に組み込まれているアミノ酸の単位）が多量含まれていることがわかっている。しかし，末端鎖は円筒状ミクロフィブリルに対し，どのように配置され，立体的にどんな形状をしているのか，よくわかっていない。現在のところ，末端領域はコイルド−コイルロープ表面あるいは IF フィラメント表面上に折り返されているのではないかと考えられている[8]。筆者は，N,C 末端鎖が網目になって，IF 分子や IF フィラメントの周囲を取り巻いていると推定した（第 3 章　図3.1　羊毛繊維の模式図を参照）。

1.6.2　IF 鎖の種類と構造

図1.10に，模式的に IF 分子の構造を示す。IF 分子には，グルタミン酸やアスパラギン酸のような酸性残基の多い Type I と，中性あるいは塩基性，たと

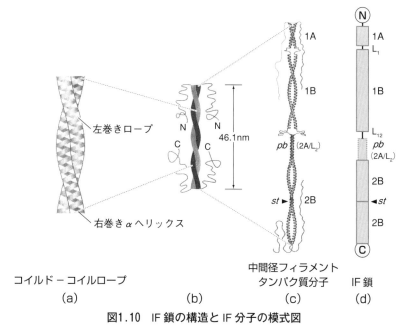

図1.10　IF 鎖の構造と IF 分子の模式図

(a) IF 分子（2 量体）の α ヘリックス領域。
(b) N,C 末端を持つ 2 量体（Type I ＋ Type II）モデル。
(c) IF 鎖が平行配列した IF 分子の 2 量体凝集構造モデル[5]。
(d) IF 鎖の構造モデル[7]。

えばリジンやアルギニンなどのアミノ酸を多く含む Type II がある。各タイプのタンパク質には，それぞれ羊毛で 4 種類ずつ合計 8 種類，また毛髪では Type I が 6 種類，Type II が 9 種類（羊毛の場合のように同じ数でないことに注意）の異なったタンパク質が同定され，分子量も特定されている。それらの多くは，アミノ酸の配列順序が完全に遺伝子工学的に決定されている。

　図1.10(a)および(b)に示すように，Type I と Type II のタンパク質の鎖は，互いに平行に集合し，長さ約46.1 nm のコイルド－コイルロープ分子（IF 分子）を形成している。図1.10(c)に 2 量体 IF 分子の会合状態を，また図1.10(d)に IF 鎖の単純化したモデル構造図を示す。IF 鎖は，同じ長さ（20～21 nm）のセグメント 1 と 2 からなり，non-helical（ノンヘリカル：ヘリックスを巻いていない）な L_{12} 鎖で連結され，各セグメントは，それぞれ α ヘリックスを形成する A および B セグメントからなり，それらは，L_1 および L_2 の短いノンヘリカルな鎖で結合されている。2B セグメントには，ヘリックスの連続性に不完全な部分でヘリックスの「繰り返し配列」が逆転したところに「あともどり」と呼ばれる部分（stutter）（◀ st）が存在し，その両側のロッド（ヘリックス）領域には不連続性は見られない。また，数年前までは，L_2 はヘリックス構造に富んだ配列からなるとされていたが[8]，最近，2A＋L_2 部分はコイルド－コイルの形態を取らず，一対の α ヘリックスの平行鎖（pair bundle）からなっていることが明らかになった[5],[9]。このような IF 構造が，ケラチンの物性に深く係わっている。さらに，興味をそそられることであるが，「st 部分」がなければ，IF フィラメントの凝集が阻害され，フィラメント構造が完成しないこと，また 1A セグメントに隣接する N-末端の1H 領域（図には記述されない）は，2 量体あるいは 4 量体構造形成に重要な役割を果たしているとされている。

　重要なことは，全部が同じようなヘリックス構造として連続していないことであり，羊毛や毛髪の α ヘリックス結晶は，通常考えられるような完全性の高い硬い結晶ではなく，もっと変形しやすく，水の中では運動性の高いセグメントを持っていることである。セグメントの定義[注2]はここでは述べないこと

にするが，要するに昆虫や蚕の胴体を想像してみると，自由に曲がる節があり，その節と節の間の曲がらない部分をセグメントという。ケラチン分子も，やはり熱運動で自由に曲がったり，元に戻ったりすることを繰り返している。ケラチンのヘリックス分子も，水さえあれば柔らかく運動しているといってもそれほど遠くない想像である。したがって，ヘリックスを巻いている部分にある残基や側鎖基に対して，還元剤や酸化剤などの試薬も反応することができると考えられている。運動性の高いN，C末端鎖や柔らかい成分タンパク質だけが反応するわけではない。

1.6.3　IF分子の構造

IF分子（2本のαヘリックスの集まり）を図1.11に示す。図のType I（左）およびType II（右）は，それぞれのコイルド－コイルロープを下（ヘリックスの底）から見た模式図である。ペプチド結合で連結したアミノ酸残基の記号をg→f→e→d→c→b→a→…と矢印の方向にたどると，右手でネジを捩る方向に「らせん」が巻いている。つまり，これは右巻きヘリックスである。このヘリックスを，上（ヘリックスの先端で紙面の奥）から見ても巻き方は同

注2）セグメント

　主鎖が回転運動する時の「運動単位」として定義される。主鎖を形作っている原子どうしを結び付けている単結合の周りに原子は回転しているが，結合角が決まっているので，回転は完全に自由ではなく，また原子には結合している他の置換基があるため，やはり回転運動は立体的にも束縛される。このように，束縛のある鎖を自由に回転する理想鎖に置き換えて考えることが，高分子の大きさ，形や分子運動を扱う際に，よく用いられる。束縛された単結合からなる鎖でも，いくつかの束縛された単結合を連続させ，元の結合の長さより長い結合を持つ高分子鎖を考えれば，現実の束縛鎖をそれと等価な理想鎖に置き換えることができる。この置き換えた鎖の結合の長さを「セグメント」という。通常のタンパク質の主鎖が運動する単位の長さ（セグメント）は，およそアミノ酸5残基に相当する。つまり，約5残基のアミノ酸が結合した長さを単位として自由に回転していると考えればよい。セグメントの長さは，タンパク質を構成するアミノ酸の種類によって大きく変わるが，置換基が最小のHを持つグリシンは1残基，そしてイミノ基を持つプロリンは約10残基であり，それらアミノ酸がタンパク質分子にわずか1個あるだけで，運動単位の長さ，換言すれば分子運動性は大きく変動することが予測できる。

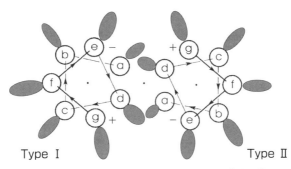

Type Ⅰ   Type Ⅱ

図1.11　IF 分子（2本のαヘリックスの集まり）

コイルド－コイルロープを下（底）の方から見た模式図。矢印の方向に右巻きにヘリックスが巻いている。ヘリックス鎖の一方は Type Ⅰ，そして相手は Type Ⅱ でお互いにノブ－ホールパッキングで凝集している。a と d 残基は疎水性（水を嫌う性質）でヘリックスの内側に位置し，周りに水があれば疎水性相互作用により互いに引き合うので，2本のヘリックスのロープ形状は安定化されることになる。さらに，e は－電荷の残基，g は＋電荷の残基が多くこの位置を占めているため，ロープを安定化させるように働いている[11]。

じ右巻きである。図1.11の一方の Type Ⅰ ヘリックスは，相手である Type Ⅱ と凝集している。a と d にあるアミノ酸残基は，疎水性（水を嫌う性質）で2本に撚られた両ヘリックスの内側に位置し，周りに水があれば疎水性相互作用によりお互いに引き合うので，2本のヘリックスはロープ形状を安定化させることになる。さらに，e 位置には－（マイナス）電荷を持つ残基，g には＋（プラス）電荷を持つ残基が多くを占めているため両鎖間に静電引力が生じ，電荷はロープを安定化させるように働いているわけである[11]。自然の方向は，いつも安定化の方向に向かっているのである。

　重要なことであるが，毛髪の IF 構造は図1.10(c)に見られるように，全部が同じようなヘリックスが連続しているモノトーンな配列構造ではなく，変化に富んだ構造（運動性の異なる一様でないセグメント）が連続している。漢字だけが連続している硬い中国語の文章とは違って，漢字やカタカナ，ひらがなや句読点までが美しく混ざり合って柔らかさを醸し出す日本語の文章にたとえられる。αヘリックスの集合した毛髪の結晶は，通常考えられるような完全性の

高い硬い結晶ではなく，もっと変形しやすい水の中では運動性の高いセグメントを持つ構造体と考えられる。セグメントという言葉のややこしい定義は，ここでは止めておく。要するに，昆虫や蚕の胴体には自由に曲がるたくさんの節があるが，節と節の間には曲がらない部分がある。それをセグメントというのである。"運動性の高いセグメントを持つ"というのは，セグメントの回転運動は，「節」が自由に曲がれば，運動性が高いことを意味している。ケラチン分子も，やはり熱運動で自由に曲がり，回転して新しい位置に行ったり，また元に戻ったりする。αヘリックスを含む毛髪や羊毛のIF分子は，水さえあれば柔らかく運動していると想像される。したがって，ヘリックスを巻いているロッド領域に挟まれたノンヘリカルな領域の分子や，ヘリックス表面にある側鎖基に対して，還元剤や酸化剤などの試薬は反応することができる。柔らかいマトリックスタンパク質だけが反応するというわけではない。これに対して，綿セルロースや絹フィブロイン繊維の結晶は，試薬を受け入れず，ケラチン繊維のような反応性は示さない。

1.6.4　IF鎖のアミノ酸シークエンス

　タンパク質分子は，アミノ酸がペプチド結合で多数連結した分子であり，図1.11に示したミクロフィブリル（IF）タンパク質のアミノ酸結合順序（シークエンス）と構造との関係を図1.12に示す[12]。上部の図は，図1.11(d)のIF鎖（単量体）の模式図を横に寝かせて置いたものである。左側にN-末端があり，右側にC-末端がある長い1本のタンパク質分子鎖であるが，この鎖の中には，αヘリックスの形を取る長さの異なる4つの部分（ロッドドメイン），1A，1B，2A（2A/L$_2$），2Bがある。そして，各ロッド間にはヘリックス構造を取らないノンヘリカルな鎖（非晶ドメイン）によって結ばれている。これら各ドメインに相当するポリペプチドは，一体どんなアミノ酸残基が結合しているのであろうか？それはすでにわかっていることであるが，各ドメインのアミノ酸の結合順序を図1.12の下部に示す。この例は，羊毛ケラチンのType Iタンパク質4種類のうちの8c-1フラクションのシークエンスである。アミノ酸は一文字表示

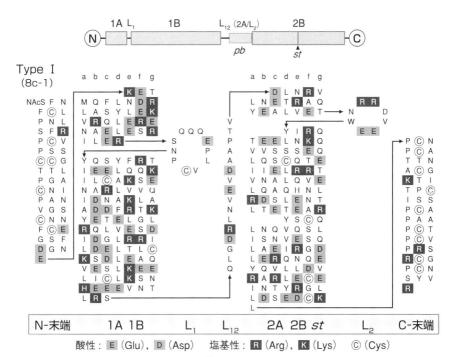

図1.12 IF 鎖（単量体）の模式図（上）[7]と，羊毛の Type I（8c-1）の全アミノ酸シークエンス（下）[12]。

で示され，N-末端では，NAcS-F-N-F-Ⓒ-L-と1行3文字ずつ横に読んでいき，最後の-E で終わる全部で49文字（＝16行×3＋1）あり，49個のアミノ酸がその順序で結合していることを意味している。ここで，NAcS は N-アセチルセリン（S）のことであり，セリンのアミノ末端基−NH₂ の H がアセチル基−COCH₃ により置換され，−NH COCH₃ に生体内で変換されたものである。N-末端鎖は E で終わり，引き続いてヘリックスを形成する1A のドメイン部分に続く。ヘリックスを形成するドメインのアミノ酸は，a, b, c, d, e, f, g の7個が一組になり，次の行に再びa, b, c, d, e, f, gの7個が繰り返されている。これら繰り返しの組をヘプタッド（7の意）という。この規則正しい7個の繰り返しは，IF 分子（コイルド−コイル分子）を作る αヘリックスの

1周期（2巻き）に相当する。

　配列順序で，1文字表示の上に濃いグレー（文字白）と薄いグレー（文字黒）で区別した。薄いグレーの方（文字黒）は酸性のアスパラギン酸：D（Asp）とグルタミン酸：E（Glu），また濃いグレーの方（文字白）は塩基性のリジン：K（Lys）とアルギニン：R（Arg）である。このように，反対電荷を持つ種々のアミノ酸が撒き散らされているように見えるが，ランダムに撒かれたのではなく，必要とされる立体的位置に置かれており，構造全体が安定化されているのである。しかし，あまりに安定に過ぎると，今度は遺伝的にも進化の余地がなくなるので，適度な安定性が維持されているわけである。N-末端からC-末端まで種々のアミノ酸が，ある順序で長く数珠つなぎになっている。この構造を一次構造という。

　一次構造が決まれば，水素結合したαヘリックスやβプリーツドシートなどの二次構造といわれる立体構造はもちろんのこと，折りたたまれた分子が詰まった球状タンパク質の形さえ決まってしまうといわれている。近年，計算機の進歩が著しく，計算機化学の手法を用いてタンパク質の一次構造をもとに，隣接するアミノ酸側鎖の分子間相互作用を計算して，タンパク質分子全体の分子振動やタンパク質を構成する原子および分子（基）の立体的な相対的位置が決められるようになった。複雑な毛髪や羊毛の高次構造（階層構造）を，いつかは決められるようになるかもしれない。

1.6.5　IF鎖のシスチン結合位置

　アミノ酸配列のCは，システイン（1/2 Cys）を示す。表1.1を参照して，他のアミノ酸残基の名称も確認することを薦める。ここで，特にシステインに○印を付けて Ⓒ と強調したのは，システインのイオウ原子の関与するジスルフィド（SS）結合が，羊毛や毛髪にとって，また化学修飾する上で非常に重要であるからである。Ⓒ の記号は，N-末端鎖やC-末端鎖の部分に多く分布し，ヘリックス部分には，ちらほら点在している程度である。

　ところで，片割れのシステイン残基（SH）の一次構造位置は，はっきり決

定できるが，片割れの相手の SH が IF 鎖のどこに位置しているのか？この片割れの問題は，遺伝子工学的には決めることができない。実際，パーマネント（セット）処理では，SS 結合を還元して SH とし，再び酸化して，最初の位置と違った新しい位置で SS 結合を再生し，新しい分子の形にセットすることである。したがって，パーマ処理は正しく片割れを探す問題なのである。再度，図1.12を見れば，どれか一つの © に目印を付け，目印を付けた片割れの相手の © がどこかにあって SS 結合を作っているはずである。8c–1というタンパク質分子の中だりでも，可能な相手が多数個あることがわかるが，最初に目印を付けた相手の © が実際どこにあるのか，現在，まだわかっていない。

———— **参 考 文 献** ————

1) J. H. Brudbury："The Structure and Chemistry of Keratin Fibers" in Advances in Protein Chemistry（eds.；C. B. Anfinsen, J. T. Edsal and F. M. Richards）, vol. 27, pp. 111–211, Academic Press, New York（1973）
M. S. Otterburn；"The Chemistry and Reactivity of Silk" in The Chemistry of Natural Protein Fibers（ed.；R. S. Asquith）, pp. 53–80, Plenum Press, New York（1977）

2) R. D. B. Fraser, T. P. MacRae, D. A. D. Parrry and E. Suzuki；*Polymer*, **10**, 810（1969）

3) L. Pauling, R. B. Corey；*J. Am. Chem. Soc.*, **72**, 5349（1950）

4) F. H. C. Crick；*Acta Cryst.*, **6**, 685, 689（1953）

5) H. Herrmann, S. V. Strelkov, P. Burkhard and U. Aebi；*J. Clinical Invest.*, **119**, 1772（2009）

6) P. M. Steinert；*J. Invest. Dermatol.*, **100**, 729（1993）

7) P. M. Steinert, D. A. D. Parry；*J. Biol. Chem.*, **268**, 2878（1993）

8) S. V. Strelkov, H. Herrmann, N. Geisler, R. Zimbelmann, P. Burkhaard and U. Aebi；Proc. 10th Int. Wool Text. Res. Conf., Aachen, KNL-4, p. 1（2000）

9) D. A. D. Parry, S. V. Strelkov, P. Burkhard, U. Aebi and H. Herrmann；*Exp. Cell Resarch*, **313**, 2204–2226（2007）

10) B. Alberts, A. Johnson, J. Lewis, M. Raff, K. Roberts and P. Walter；"Molecular Biology of the Cell", Garland Science, 4th Ed., New York（2002）

11) M. Feughelman；*J. Appl. Polym. Sci.*, **83**, 489–507（2002）

12) L. M. Dowling, W. G. Crewther and D. A. D. Parry；*Biochem. J.*, **236**, 710（1986）

第2章

キューティクルの構造

2.1　キューティクルの組織構造

　図2.1に，羊毛および毛髪繊維全体の電子顕微鏡写真を示す。羊毛や毛髪の表面に見られる表皮（スケール）は，厚さ$0.4〜0.5\,\mu\text{m}$の扁平なキューティクル細胞から構成され，羊毛では1層から2層，毛髪では6層から10層重ね合わさっている[1]。毛髪繊維のキューティクルの重なりは，繊維軸方向で1枚のキューティクルの長さの5/6に達するが，羊毛では1/6で重なりは少ない。哺乳動物間におけるキューティクル構造の相違は大きく，個々の動物の生命維持に深く係わっている。

　図2.2のように，毛髪や羊毛のスケールは4層構造になっており，外側からエピキューティクル（上小皮），エキソキューティクル（外小皮）A層とB層およびエンドキューティクル（内小皮）層である。シスチン量［システイン（1/2 Cys）量として表示］は，それぞれ12%，35%，15%および3 mol%と報告されている[2],[3]。シスチン量の多い外側の方が硬く，内側になるほど柔らかい。A層のシスチン含量は，アミノ酸残基2.9個当たり1個と計算され，分別同定されている超高イオウケラチンタンパク質に相当すると考えられている[2]。キューティクル全体では，メリノ羊毛で約14.3 mol%，それに対して毛

（a）毛髪の破断面 a)　　　　　　　　　（b）メリノ羊毛の断面 b)

	毛 髪	メリノ羊毛
キューティクル層の数	8～10	1.5
重なり部分の比	4/5～5/6	1/6
繊維直径（ μm）	～80	～22

図2.1　羊毛および毛髪繊維全体の電子顕微鏡写真

(a) ミルボン研究所提供
(b) W. G. Bryson, F. J. Wortmann and L. N. Jones；Proc. 11[th]Inter. Wool text. Res. Conf., Leeds, 106FW（2005）

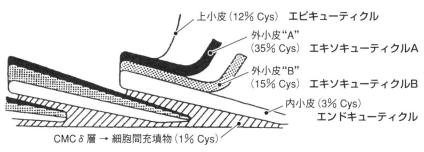

上小皮（12% Cys）　エピキューティクル
外小皮"A"（35% Cys）　エキソキューティクルA
外小皮"B"（15% Cys）　エキソキューティクルB
内小皮（3% Cys）　エンドキューティクル
CMC δ 層 → 細胞間充填物（1% Cys）

図2.2　羊毛スケールの構造と架橋数1/2SS 濃度（mol%）

髪では19.0 mol%程度である。いずれにしても、毛髪のキューティクルは羊毛より高い架橋密度を持っている[4]。

　キューティクル最外層に位置する疎水性のエピキューティクル（上小皮膜）は、キューティクル CMC の 3 層構造（$\delta + 2\beta$）からなる 2 層の β 層のうち、上部の β 層が表面に出ているとする説が有力である[5]。羊毛では、A 層上部に膜状物質は存在せず A 層の一部であるとする説[6]があるが、表面結合脂質である18-メチルエイコサン酸（18-MEA）[7]~[10] の機能解明とも関連して、さらに研究を要する問題である（2.4節参照）。

　図2.3に、塩素水処理した羊毛表面のエピキューティクル膜を示す[11]。エピキューティクルは塩素水に対して抵抗性があり、不溶性であるのはイソペプチド結合［N^{ε}-γ-（グルタミル）リジン］の存在によるとされている[12],[13]。エンドキューティクルを構成するタンパク質は、マクロフィブリル間物質と類似した非ケラチンタンパク質であり、繊維の膨潤挙動に深く関係する。水中での膨潤度は約100%に達し、スケールエッジを立ち上げ、毛織物の洗濯によるフェルト収縮の原因となる。

図2.3　塩素水処理によるエピキューティクル膜の剥離：アルベルデン反応（1916）

　次に、キューティクル（スケール）の方向性について触れる。図2.4に、スケールの方向と摩擦係数についての模式図を示す。今、1 本の羊毛繊維 B を取り上げる。この繊維のスケール方向は根元から毛先に走っているが、根元から毛先に向かって指の腹でやさしく滑らせるように擦る場合と、逆に毛先から根元に向かって擦る場合とでは摩擦力が違うことがよく知られている。頭皮の毛髪についても同じで、根元から毛先へ向かうスケール方向の摩擦係数 μ_w よ

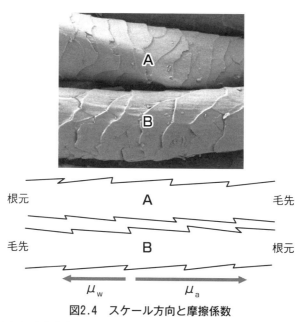

図2.4　スケール方向と摩擦係数

μ_{w}：根元から毛先方向，μ_{a}：毛先から根元方向，$\mu_{\mathrm{a}} - \mu_{\mathrm{w}}$：摩擦係数の異方性

　りも，毛先から根元へ向かう方向（逆毛を立てる方向）の摩擦係数 μ_{a} の方が
より大きいことを，われわれは経験上知っている。これをスケールの異方性と
いい，常に，$\mu_{\mathrm{a}} > \mu_{\mathrm{w}}$ の関係がある。ここで，a は against scale（逆スケール方
向），w は with scale（スケール方向）の頭文字を取って，それぞれ命名され
ている。この方向による摩擦係数の異方性（DFE）が羊毛のフェルト収縮や
毛髪における「もつれ」の主な決定要素となる。DFE は，便宜的に式2.1で示
される[5]。

$$\mathrm{DFE} = (\mu_{\mathrm{a}} - \mu_{\mathrm{w}}) / (\mu_{\mathrm{a}} + \mu_{\mathrm{w}}) \cdots\cdots (式2.1)$$

　ここで，μ_{a} および μ_{w} は，反スケールおよびスケール方向の摩擦係数である。
　毛織物や編み物を洗濯すると収縮してしまい，もはや着ることができないほ
ど変形し，無残な姿になってしまう。これは，スケールの異方性による羊毛集
合体に起こるフェルト現象といわれるものである。図2.4の電顕写真に，2本

の羊毛繊維，AとBが互いに方向を反対に向けていることがわかるが，模式的に書くと下図のようになる。羊毛繊維集合体の中では，このように配列された場所がたくさんあるに違いない。手で洗濯したり，洗濯機で機械的に強い力で撹拌する過程ではもちろんのこと，繊維集合体全体が揉まれることになる。その時，個々の繊維は運動しはじめ，その方向は個々の繊維の摩擦係数が小さくなる方向へ進むと思われる。つまり，根元方向へ根元方向へと向かうため，最初，集合体中で同じ方向に配置されていた繊維どうしは同じ方向に進むことになり，結果として絡み合うことになる。これが問題のフェルト現象の理解である。これを防ぐには，$\mu_a - \mu_w = 0$ になるような加工を行わねばならない。実際には，スケールを樹脂でカバーしたり，酸化反応を利用してスケールエッジを除去したり，あるいは化学的方法を応用してスケールを剥離するような摩擦係数の異方性をなくすような種々の防縮加工が工夫され，現代生活に適した毛織物が市場に供給されている。

羊毛や毛髪表面のエピキューティクル膜上にある18-MEAは，固体基質と強固に結合したアンテイソ型の長鎖分子で，分岐末端の持つ高い分子運動性は表面の摩擦抵抗を効率的に保持する役割を果たし，界面潤滑剤の持つ特徴を備えている（2.2節参照）。DFEは，自由毛根端を持つ羊毛や毛髪集合体が絡み合う原因となるが，同じ大きさのDFEを持ち，頭上の毛髪のように自由毛根端がなければ，もつれの解消が起こり，互いに平行に配列されると推測されている[5]。したがって，ダメージによりDFEが減少すると，もつれの傾向は増加すると考えられる。式2.1の分子は表面構造の非対象性を，また分母は潤滑剤のような低い摩擦係数を持つ18-MEAで覆われた最外層の表面特性を示す項で，DFEはその両方を含んでいる。健常毛では，両者の最適なバランスが維持されている[5]。

ここで，羊毛および毛髪繊維に含まれる各種成分含量とシスチン（SS）量（システイン量として）は，品種改良された羊毛に比べて毛髪のシスチン含量の分布は広く，文献値に大きな開きがある。羊毛や毛髪のキューティクル全体

の SS 量は同じで，約19 mol％である。A 層は35％と最も高く，キューティクル組織のうち最も硬い。これに対して，エンドキューティクルは 3 ％で最も少なく，柔らかく，水中での膨潤度が高く，相対湿度100％で吸湿率は約100％（毛髪や羊毛の吸湿率は約32％）に達する。そして，化学的あるいは物理的処理により，エンドキューティクル組織から多くのタンパク質が流出することもわかっている。毛髪では，コルテックスを構成する IF タンパク質およびマトリックスタンパク質（KAP）の SS 基量は，それぞれ7.6～9.0％および23.5～27.2％で，後者は前者の約2.6～ 3 倍も多く含まれているが，他の研究者によると，約3.6倍に達するという報告がある。この差は，人種や個人により異なると考えられている。これに対して，キューティクル組織の SS 含量は，羊毛と毛髪では大きな変動はない。キューティクル組織全体の重量は，羊毛で約10％，また毛髪で15％とする文献もある。CMC 物質は脂質や糖タンパク質を含み，その量は羊毛で 1 ～2.8％，また毛髪で約 3 ～ 4 ％程度とされている（第 6 章参照）。

2.2　キューティクル層間（CMC）の微細構造

　図2.5に，日本人毛髪の断面方向の透過型電子顕微鏡（TEM）写真を示す[14]。図2.5(a)には， 9 層重なったキューティクルをはっきり見ることができる。キューティクルの最外層は識別できないが，エピキューティクル膜が存在し，膜表面は脂質（18-MEA）により覆われている。図2.5(b)は，キューティクル組織を拡大した写真である。電子顕微鏡で細胞組織を区別して見るには，原子番号の大きい重金属で試料を染色する時，試料内の異種組織間に染色濃度差が生じるので，吸収される電子線の密度に差が生じ，組織が識別されるわけである。この染色には，カルボキシル基（－COOH）と反応する酢酸ウラニルとクエン酸鉛が用いられた。染色濃度の高い組織は写真乾板を感光しないので，ネガは白く，印画紙に転写したポジ（図2.5）は黒く見える。つまり，異種組織

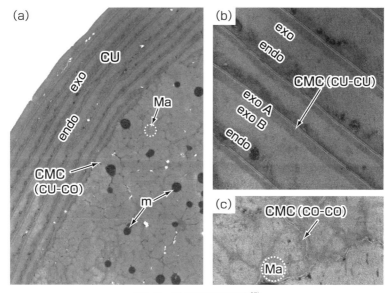

図2.5　毛髪の電顕写真[12]

(a)キューティクル CMC（CU-CU），キューティクル－コルテックス CMC（CU-CO）
(b) CMC（CU-CU）拡大
(c)コルテックス－コルテックス CMC（CO-CO）

間の－COOH 基濃度は写真の黒化度に比例する。黒化度の差からキューティ
クル内の微細組織を区別でき，各組織の－COOH 基含量はエキソキューティ
クル（上小皮）＜エンドキューティクル（内小皮）であることがわかる。

　キューティクル（CU）細胞間には細胞膜複合体［CMC(CU-CU)］があり，
幾重にも重なったキューティクル層により保護されたコルテックス（CO）細
胞も見える（図2.5(a)）。キューティクルとコルテックス間 CMC(CU-CO)も
はっきり観察できる。コルテックスは，指紋状のマクロフィブリル（Ma）が
集合した細胞からなり，Ma 間には，いくつかの粒状のメラニン（m）が沈着
している。Ma 間にある物質は非ケラチン物質とされ，SS 結合量が少なく，
還元処理によって流出されやすいと考えられている。コルテックス細胞の拡大
写真（図2.5(c)）には Ma と CO-CO 細胞膜複合体が見られる。キューティク

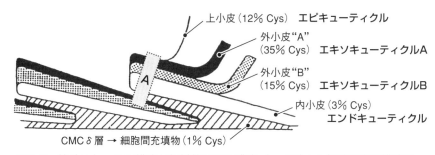

図2.6　羊毛スケールの構造と架橋数1/2SS濃度（mol%）：A領域の微細構造は図2.7に示される

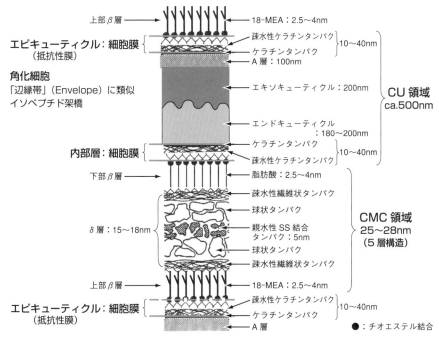

図2.7　細胞膜複合体（CMC）の構造とキューティクル間の接着

ルに囲まれた繊維内部には直径70～100μm, 幅3μmの紡錘状のコルテックス細胞があり, 細胞間にはCMCが繊維の根元から毛先まで血管のように走っている。CMC内の物質は繊維全体のわずか3％程度であるが, 水や種々の物質

キューティクル CMC ―

キューティクル / コルテックス CMC ―

コルテックス CMC ―

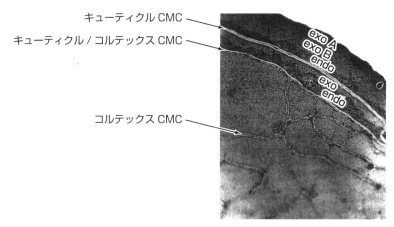

図2.8　メリノ羊毛繊維の断面写真

の輸送経路となっており，水分調節の機能を担っているとされる[15]。また，CMC には 3 種類あり，それぞれ，CU-CU，CU-CO および CO-CO 間にあることが明らかになった[15]（図2.5参照）。

　図2.8に，メリノ羊毛繊維の断面の TEM 写真を示す。2 層のキューティクルに囲まれたパラコルテックス側のエキソキューティクルやエンドキューティクル領域，および 3 種の細胞間 CU-CU，CU-CO，CO-CO CMC を観察することができる。

2.3　キューティクル表面脂質18-メチルエイコサン酸(18-MEA)の構造

　キューティクル細胞間の CU-CU CMC の位置を，図2.6において模式的に斜線で示した。CMC は，CU-CU 間を接着する役割を果たしている。長方形で囲まれた A 領域の詳細を図2.7に示す[5]。外界と接しているキューティクル最外層のエピキューティクル（抵抗性膜ともいう）は，皮膚の角質細胞を囲んでいる角質辺縁帯の組成に類似し，イソペプチド結合［N^{ε}-アミノ-γ-(グルタミル)リジン］を含んでいる。この膜に結合している脂質層を上部 β 層と呼び，

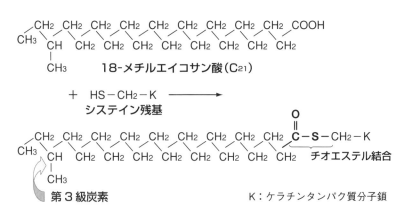

図2.9　18-メチルエイコサン酸(18-MEA)分子と表面タンパク質とのチオエステル結合

これは図2.9に示した分枝構造を持つ長鎖の18-MEA が，キューティクル表面の疎水性ケラチンタンパク質とチオエステル結合〔−S−(C＝O)−〕して毛髪繊維表面に規則的に垂直方向に配列している[8]（図2.10参照）。脂質は，疎水性で分岐したアンテイソ型の C_{21} 脂肪酸で，繊維表面の摩擦抵抗を小さくする界面潤滑剤として機能する。

　天然の化合物に含まれる脂肪族炭素原子の数は偶数であるが，ケラチン繊維

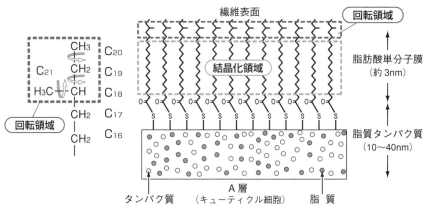

図2.10　18-MEA のキューティクル表面タンパク質との結合模式図[8]

表面に奇数の異常な脂肪酸があることがわかり，C_{21} 物語が生まれたわけである。なぜ，自然はこのような特定の長さの鎖を選択したのか，未だ明らかになっていない。炭素原子18番目の位置 C_{18} の第3級炭素原子は，酸化されやすく不安定な過酸化物（$-C-O-OH$）を生成するので，太陽光に弱いことがわかっているが，そのことにどんな意味があるのか，そしてどんな機能が隠されているのかということはわかっていない。この脂質は支持タンパク質に共有結合で固定され，図2.10のように規則的に配列されている[7),8)]。18-MEA 分子の先端部分は C_{18} の位置で分岐しているため，分子末端は隣接分子と離れているので，常温でも熱運動し，$C_{17}-C_{18}$ の結合軸を回転軸として激しく回転している。そのようすを図2.10左図に回転の矢印で示した。したがって，毛髪表面は常に波打ち，体内から皮膚を通して皮脂とともに排泄される重金属や有害物質を毛髪自由表面に送り，表面に沿って排出させる重要な機能を担っていることがわかってきた。図中，左側の濃い色の点線の枠で囲まれた部分が回転領域で，右側の薄い色の点線で囲まれた部分は分子が揃って充填され，結晶化した安定な領域となっている。羊毛や毛髪表面には，厚さ3nm の脂肪酸単分子膜が存在している。

　ここで，CMC を構成する脂質 β 層の種類が違っていることがわかる。すなわち，上部 β 層の18-MEA が分岐構造であるのに対して，図2.10に見られる下部 β 層の脂質分子は，すべて直鎖のパルミチン酸（C16：0）とオレイン酸（C18：1）などの偶数脂肪酸により構成されている。また，CO-CO 間 CMC では2分子膜構造を取っているが，いずれの β 層も直鎖偶数脂肪酸である。当然，CU-CO 間 CMC では，CU 細胞と接している上部 β 層に相当する単分子膜脂質は18-MEA であり，一方，CO 細胞と接している β 層は2分子膜構造を取り，そのいずれも通常脂肪酸である。しかし，CO-CO 間 CMC 脂質には，セラミド，コレステロール，コレステロール硫酸が存在するとされている（後出の図2.15参照）。

2.4　エピキューティクル膜表面の外部環境依存性

　図2.10で，表面脂質としていろいろな機能を持つ18-MEAが，毛髪表面タンパク質（ケラチンタンパク質）とチオエステル結合しているようすを模式図で説明した。それでは，本当に18-MEA分子はキューティクル表面に垂直な方向に，きれいに規則的配列をしているのか？最近，走査プローブ顕微鏡（SPM）により脂質の配列状態を調べることができるようになった[16]。油の中に毛髪が浸かっているような非水環境では，表面タンパク質の疎水性部分が表面に出ることがわかった。つまり，図2.10の模式図に近い状態になっている。では，通常の毛髪が置かれている空気中，湿度の高い状態や乾燥した環境下では，一体どうなっているのか？解析された毛髪表面の変化を図2.11に示す[16]。

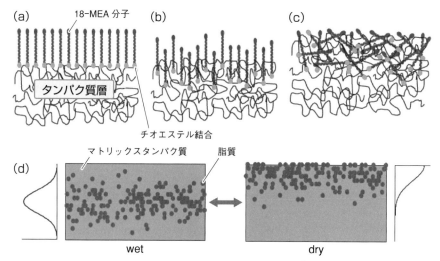

図2.11　毛髪繊維表面の模式図[16]

(a)チオエステル結合（薄いグレーの丸印）でタンパク質層に結合している規則的に　配列した外部脂質層（18-MEA分子）
(b)規則性の小さい外部脂質層
(c)脂質リッチなタンパク質外部層
(d)毛髪繊維をウェット（Wet）からドライ（Dry）にする時，(c)のマトリックスタン　パク質中の脂質の濃度分布がどのように変化するかを示している。

　図2.11(a)は，薄いグレーの丸印でタンパク質層に結合した18-MEA の規則的な配列を示す。これは，模式図2.10で示したものと同じで，毛髪が油のような無極性の溶媒中に浸された場合に相当する。図2.11(b)は，規則性がやや乱れている状態を示す。図2.11(c)は，脂質の配列が不規則になり，表面タンパク質の内部に脂質分子の一部が沈み込んでいる。図2.11(d)は，(c)の状態の程度（脂質の分布）を示したもので，左図は毛髪が高湿度下あるいは水で「ぬれた（Wet）」状態にある時であり，これに対して，右図は「乾燥（低湿度のDry）」状態にある場合を示している。ここで，図の左右の曲線はタンパク質層内のどこに脂質（18-MEA）が位置するかという深さ方向の分布を表わしている。Wet 状態では，脂質はタンパク質内部に埋没して層の内部深くに多くが存在するのに対して，Dry 状態では，外界の空気に接しているタンパク質の表面近くに偏っている。このように，毛髪は置かれた環境によって表面状態が変化することを知らなければならない。たとえば，湿度の高い時の方が，外表面はより極性（親水性）となり，塵埃による汚れや接着性は大きくなると想像できる。もちろん，毛髪表面の摩擦係数も大きくなるので，Wet 状態でコーミングするとキューティクル表面層の剥離が起こりやすく，ダメージを進める原因となる。毛髪表面は，整髪剤の油膜で「ぬれている」状態が，18-MEAのあるべき理想の姿なのである。

　毛髪表面のダメージの機構を知るには，CU-CU 細胞間に位置しているCMC の構造と細胞間接着との関係を知る必要がある。図2.7に示したキューティクルの構造を見てみよう。エピキューティクルは抵抗性膜ともいわれ，皮膚の角質細胞を囲んでいる細胞壁の組成に類似し，化学的に安定なイソペプチド結合，ε-アミノ-γ-(グルタミル)リジンを含んでいる。他の2種類のCMCとは少しようすが違っている。CU-CU CMC は，3層（脂質 β 層，δ 層およびβ 層）からなるとされていたが，実際には，コンタクトゾーンを加えた5層構造（δ 層は，さらに3層に分かれ，真中の層は SS 結合を含む層）であることが筆者らにより見出された[17]。CU-CU タイプでは，CMC の上部と下部 β 層

を構成する疎水性脂質層間にサンドイッチされたδ領域には，チオグリコール酸（TGA）により還元されるSS基を持つ球状タンパク質層があることがわかった。これらの複雑な層構造は，毛髪繊維に化学処理や力学的変形を加えると敏感に応答するので，毛髪の劣化に深く係わることになる（2.5節参照）。

2.5　キューティクル − キューティクル(CU-CU)CMC の構造

　これまで，CU-CU間CMCの上部β層の脂質は，すべて細胞膜（抵抗性膜）にチオエステル結合でしっかり結合した18-MEAのみであるとされていたが，さらに感度の良い方法を用いて研究した結果，結合していない脂肪酸もあるのではないかといわれている。それは，X線マイクロビーム（強度の高いX線の束を小さく絞って試料の局所に照射できるようにしたもの）を毛髪繊維のキューティクル層に当てて規則的に並んだ構造の周期を見る方法（小角X線散乱法）で，β層やδ層の厚さを測定した。Inoueらは，経験的にβ層やδ層に含まれる物質を溶かす溶媒で抽出し，抽出する前と抽出した後の厚さの変化を測定することにより，細胞膜に結合していないフリーな脂質が存在することを明らかにした[18]。また，種々の物質について，透過しやすさが抽出前後でどのように変化するかを調べた。その結果，親水性分子はδ層を通ってコルテッ

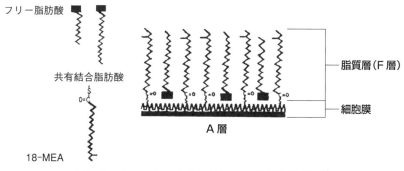

図2.12　キューティクル最外層表面の構造模式図[20]

クス領域に浸透するので，β層は浸透経路にはならないことを明らかにした[19]。毛髪表面の脂質層と細胞膜の模式図を，Robbins に倣って図2.12に示す[20],[21]。チオエステル結合している18-MEA とフリー脂肪酸からなる脂質層を特に F 層というが，細胞膜と一体で考えるのが普通である。なぜなら，F 層の機能は，細胞膜が Wet か Dry の状態で変化するからである（2.4節参照）。

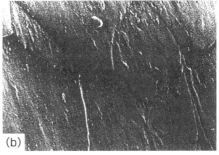

図2.13　健常毛(a)および MSUD 患者(b)の毛髪表面[9]

図2.13に，毛髪表面の電子顕微鏡写真を示す。図2.13(a)は健常毛であるが，全面が脂質に覆われている滑らかなスケール表面が観察できる。これに対して図2.13(b)の写真は，楓（かえで）糖尿症（MSUD）患者の毛髪表面で，健常毛と比較して滑らかさが失われていることがわかる[9]。それは，結合脂質の18-MEA によって覆われていないからである。18-MEAの分子末端は，イソロイシン側鎖と同じ分岐した構造を持っているが，イソロイシンの代謝に異常のある MSUD 患者（遺伝病であまり長生きできない）の毛髪表面には，18-MEA の欠損が生じるからである。また，MSUD 患者から採取した毛髪表面上の水滴は，親水性表面に特徴的な形を取って接触角（＝82.5°）＜90°を示すことがわかっている[10]。また，同氏らにより，疎水性のケラチン繊維（毛髪や羊毛）表面の接触角は91.5°と測定されている。

これまでは，CU-CU 間 CMC の上部 β 層には，脂質のすべてが細胞膜に結

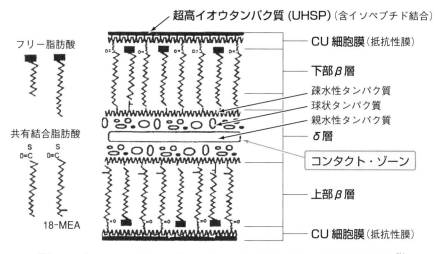

図2.14　キューティクル－キューティクル（CU-CU）CMC 構造模式図[21]

合している18-MEA だけであり，下部 β 層には普通の偶数脂肪酸が結合した状態で単一層に配列していると考えられてきたが[10),20)]，図2.14に示す新しいモデルでは，全脂質分子の約50%が結合している18-MEA と結合していない偶数脂肪酸で占められ，いずれの β 層にも両者が共存するとされている[21)]。

2.6　CO-CO および CU-CO 間 CMC の構造

　CO-CO 間 CMC の構造モデルを図2.15に示す[21)]。CU-CU 間の β 層が単一層なのに対して，β 層は 2 層からできており，すべての脂質は細胞膜にも δ 層にも結合していない，いわゆるフリーな非結合脂質である。また，CU-CU 間脂質にないコレステロール硫酸や，皮膚の機能を司る重要な脂質の一つであるセラミドも含まれている。脂質の組成について，脂肪酸：コレステロール硫酸：コレステロール：セラミドのおよその相対量は，10：2：1：1といわれている[20)]。

　CU-CO 間 CMC の脂質配列の構造は図2.16のようになっている。CU-CU 間 CMC に特徴的な脂質が CU 側に単一層に配列され，CO 側には CO-CO 間

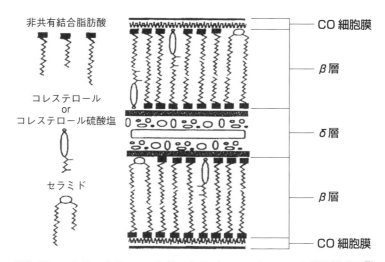

図2.15 コルテックス ― コルテックス（CO-CO）CMC の構造模式図[21]

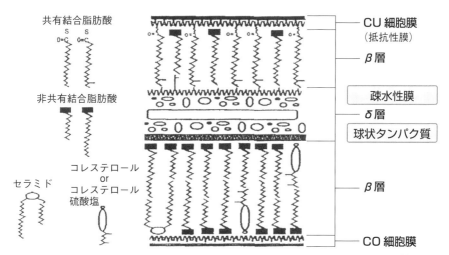

図2.16 キューティクル ― コルテックス（CU-CO）CMC の構造模式図[21]

に特徴的な脂質が 2 層に配置された構造を取っている。では，このような複雑な構造を取ることが，毛髪にとってなぜ必要なのか？それは CMC が水の輸送路に深く関係するからである。

なぜ「ぬれた」毛髪が速く乾くかを考える時，1 本の毛髪繊維の CMC を細い毛細管として取り扱うことができる。しかし，管の太さはずっと小さく 0.5〜5 nm 程度とされている。毛髪を水に浸す時，キューティクルの最内層のエンドキューティクルが水を吸って膨潤し，キューティクル全体が繊維の外側に開いて，CMC の入り口が水面に触れることになる。もし，CMC の管壁が親水性なら，毛管力によって水は素早く管の中を伝わって，毛髪全体に行き渡ることになると考えられる。たぶん，親水性の δ 層がその役割を担っているのであろう。しかし，毛髪 1 本の中での水の移動は，むしろ「ぬれた」毛髪が速く乾燥することの方が人の健康のためには必要なことと思われる。水が外部に放出されるには，疎水性の管壁を持つことが望ましいわけである。このような場合には，CO-CO 間 CMC の脂質 β 層が大きな役割を担っていると考えられる。脂質層に，コレステロール硫酸やセラミドのような親水性基を含んだ脂質分子の存在が親水性と疎水性のバランスをうまく保持し，精緻な機能を CMC に与えていると思われるが，未だ細かいことは何もわかっていない。

最後に，毛髪を化学的および物理的に処理して好ましいヘアスタイルを作り上げる上で，CMC 内の脂質を可能な限り傷めずに残しておくことが重要である。そして，種々の試薬に対して敏感な CMC 脂質について知ることは，毛髪関連の研究・技術者や美容師の人々にとって必要なことと思われる。

2.7 毛髪ダメージの原因となるCMC脂質におよぼす種々の薬剤の化学および物理作用

表2.1に，CMC に対する種々の薬剤の化学および物理作用がまとめられている[21]。キューティクル（CU）およびコルテックス（CO）組織の脂質と高い反応性を示すものは，酸化剤（過酸化水素，過硫酸塩など），還元剤（チオー

表2.1　CMC 脂質に対する種々の薬剤の化学および物理作用[21]

CMC 組織	脂質	反応性の高い化学種	現われる現象
CUβ層	共有結合脂肪酸 18-MEA	酸化, 還元剤, アルコール性カリ, ヒドロキシペルオキシド, メルカプタン類	・CMC の破壊 ・キューティクルの断片化 ・繊維表面に酸性基を生じ, 等電点が減少
	フリー脂肪酸 (フリー脂質の ~50%)	ブリーチ (ラジカルの残存) UV, 日光 (光酸化, 架橋, 融解) フリーラジカル (第3級水素引き抜き)	・表面脂質の減少と, イオン酸化物が生成し, 親水化
COβ層	フリー脂質	脂質溶媒	・脂質除去
	2重結合脂質 ・オレイン酸 ・コレステロール ・コレステロール硫酸	日光曝露 (光酸化, 架橋, 融解) フリーラジカル (第3級およびアリル水素引き抜き) シャンプー, ブロー, 乾燥, 摩擦	・コルテックスを通じてクラックの伝播
CU 細胞膜 (辺縁帯)	脂肪酸結合タンパク質	酸化, 還元剤に高い抵抗性	

ル化合物など), 紫外・可視光などがあり, CMC およびキューティクルやその他の毛髪組織にダメージを与える原因になる。これらの薬剤は, パーマやカラー処理に欠かせない化学物質であることを考えると, 処理条件や毛髪の化学処理履歴を考慮して慎重に扱うことが望まれる [詳細はパーマ処理の項 (第9章 9.3節) を参照]。コルテックス組織の脂質 β 層に対しても同じことがいえるが, キューティクル脂質にはない反応性の高い2重結合を持つ脂質 (オレイン酸, コレステロール, コレステロール硫酸など) を有しているので, ラジカル (過酸化水素や光) には特に敏感となる。また, 水素引き抜きにより生まれたラジカルと, 空気から生じる過酸化物 (ペルオキシド) は, 比較的安定に毛髪内に残っているが, ブローなどの熱によって分解し, 毛髪の骨格構造を破壊するほどのダメージの原因となる。

—— 参 考 文 献 ——

1) J. A. Swift；"The Histology of Keratin Fibers" in Chemistry of Natural Protein Fibers (ed.；R. S. Asquith), pp. 81-146, Prenum Press, New York (1977)

2) J. D. Leeder；*Wool Science Review*, **63**, 1 (1986)

3) J. H. Brudbury；"The Structure and Chemistry of Keratin Fibers" in Advances in Protein Chemistry (eds.；C. B. Anfinsen, J. T. Edsal and F. M. Richards), vol. 27, pp. 111-211, Academic Press, New York (1973)

4) R. D. B. Fraser, T. P. MacRae and G. E. Rogers；Keratins: Their Composition, Structure and Biosynthesis, Charles C. Thomas, Springfield, IL. (1972)

5) J. A. Swift；*J. Cosmet. Sci.*, **50**, 23 (1999)

6) K. H. Phan, H. Thomas and E. Heine；Proc. 9th Inter. Wool Text. Res. Conf., Biella, vol. 2, pp. 19-30 (1995)

7) A. P. Negri；*Textile Res. J.*, **63**, 109 (1993)

8) L. N. Jones, D. E. Rivett；*J. Invest. Dermatol.*, **104**, 688 (1995)
   D. E. Rivett；*Wool Science Review*, **67**, 1-25 (1991)

9) L. N. Jones, D. E. Rivett；*Micron,* **28**, 469 (1997)

10) S. Naito, N. Yorimoto and Y. Kuroda；Proc. 9th Inter. Wool Text. Res. Conf., Biella, vol. 2, pp. 367-376 (1995)

11) J. D. Leeder (1969)；"Structure and Chemistry of Keratin Fibers" in Advances in Protein Chemistry (eds.；C. B. Anfinsen, J. T. Edsal and F. M. Richards), vol. 27, p. 111, Academic Press, New York (1973)

12) H. Zahn；*Parfuemerie und Kosmetik*, **65**, 505 (1984)

13) J. A. Swift, J. R. Smith；Proc. 10th Int. Wool Text. Res. Conf., Aachen, HH-1, pp. 1-9 (2000)

14) 小川聡；博士論文，永久毛髪矯正に関する構造化学的研究（群馬大学), p. 125 (2009)

15) Y. Nakamura, T. Kanoh, T. Kondo and H. Inagaki；Proc. 5th Int. Wool Text. Res. Conf., Aachen, vol. 2, p. 23 (1975)

16) M. Huson, D. Evans, J. Church, S. Hutchinson, J. Maxwell and G. Corino；*J. Struct. Biol.*, **163**, 127 (2008)

17) S. Naito, T. Takahashi, M. Hattori and K. Arai；*J. Soc. Fiber Sci. Tech. Jpn.*, **48**, 420 (1992)

18) T. Inoue, Y. Iwamoto, N. Ohta, K. Inoue and N. Yagi；*J. Cosmet. Sci.*, **58**, 11 (2007)

19) R. Kon, A. Nakamura, N. Hirabayashi and K. Takeuchi；*J. Cosmet. Sci.*, **49**, 34 (1998)

20) C. Robbins, H.-D. Weigmann, S. Duetsch and Y. Kamath；*J. Cosmet. Sci.*, **55**, 351 (2004)

21) C. Robbins；*J. Cosmet. Sci.*, **60**, 437 (2009)

第3章

コルテックスの構造

3.1　コルテックス組織と他のケラチン組織の比較

　図3.1に，羊毛繊維の階層構造を示す[1]。ケラチンの皮質（コルテックス）細胞はマクロフィブリルの集合体からなり，隣接細胞との境界には5層構造からなる細胞膜複合体（CMC）が位置している。CMCは根元から毛先まで，あたかも血管のように連続して細胞間を走っており，物質輸送のルートとなっている[2]。コルテックスは板状のキューティクル細胞によって覆われている。このように，羊毛繊維は複雑な階層的構造により支えられている。

　図3.2に，細いメリノ種羊毛の透過電子顕微鏡（TEM）写真を示す[3]。コルテックス細胞には，CMCによって画然と区別されたオルソコルテックス細胞とパラコルテックス細胞があり，いわゆるバイラテラル（腹背）構造を形成して，単繊維にクリンプ（縮れ）を発生させる。オルソコルテックスは，粒状のマクロフィブリル（Mac）と呼ばれる集合体からなり，粗く大きなパラコルテックスとは外観が大きく異なっている。

　表3.1に，メリノ羊毛および毛髪繊維組織の形態，大きさおよび繊維中の重量パーセントを示す[4]~[7]。羊毛繊維の根幹をなすコルテックスは86.5%を占有し，キューティクルは10%，CMCは3.3%である。Macの直径は~0.3μmで，

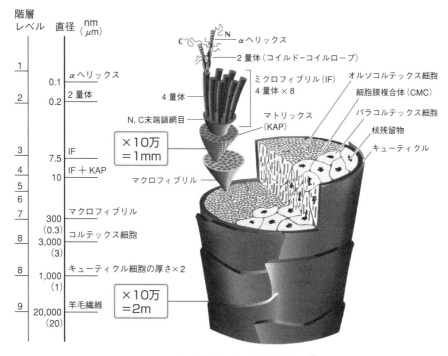

図3.1　羊毛繊維の階層構造模式図[1]

左側のスケール：階層構造レベル[20]および成分組織の直径。

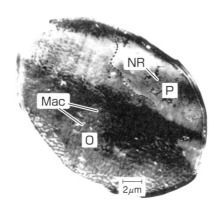

図3.2　メリノ羊毛繊維の横断面 TEM 写真[3]

O：オルソコルテックス，P：パラコルテックス，NR：細胞核残留物。
P 側に 2 層，O 側に 1 層のキューティクルが見える。

表3.1　メリノ羊毛および毛髪ケラチン繊維組織の形態，大きさおよび繊維中の重量%

組織成分		形態		大きさ		繊維中の重量（%）	
		羊毛[4]	毛髪[5]	羊毛[4]	毛髪[5]	羊毛[4]	毛髪[5]
キューティクル		瓦状 1.5層	瓦状 6～10層	$20 \times 30 \times$ 厚さ$0.5\,\mu m$	$45 \sim 60 \times$ 厚さ$0.5\,\mu m$	10	15
エピキューティクル		抵抗性膜 （含タンパク質）		$10 \sim 40$ nm		$0.06 \sim$ $0.12(1.5)$	~ 0.12 (1.5)
エキソキューティクル		ケラチン物質 （含高密度A層）		$0.3\,\mu m$（A層：$0.1\,\mu m$）		6.4	9.5
エンドキューティクル		非ケラチン物質		$0.2\,\mu m$		3.6	5.5
C M C	CU-CU 間[6]	5層構造 $(2\beta + 2\delta + \delta_{SS})$		$25 \sim 28$ nm		3.3	3.5
	CO-CO 間[7]	5層構造 $(2\beta \times 2 + \delta)$					
メジュラ		多孔質非ケラチン物質		繊維中心部に多数の不連続空孔		—	3
コルテックス	コルテックス細胞	長い紡錘形		長さ$95\,\mu m$	長さ$100\,\mu m$	86.5	78.5
				幅$5.5\,\mu m$	幅$3\,\mu m$		
	マクロフィブリル（Mac）	紡錘形多面体		長さ$10\,\mu m$，幅$0.3\,\mu m$			
	ミクロフィブリル（Mf）	長い円筒形		直径$7 \sim 10$ nm，長さ$\sim 1\,\mu m$		~ 43	~ 35
	IFフィラメント Type I	酸性		分子量：$42 \sim 46$ kD		種類：4	種類：6
	Type II	中性，塩基性		分子量：$56 \sim 60$ kD		種類：4	種類：9

CMC によって囲まれたコルテックス細胞の直径（$5.5\,\mu m$）の約1/20である。オルソコルテックス領域のシスチン（Cys）含量（アミノ酸100残基当たりの1/2 Cys 残基数として）は10.3 mol%で，パラコルテックス領域の12.9 mol%より少ない[4]。オルソコルテックス細胞はクリンプの外側（背側）に位置し，酸性残基が比較的多く，塩基性染料に染まりやすいので，B（Base–phile）コルテックスとも呼ばれている。これに対して，Cys 残基の多いパラコルテックスは酸性染料との親和性が高いので，A（Acid–phile）コルテックスとも呼ばれ，クリンプの内側（腹側）に位置している[8]。

　毛髪は，繊維直径が約70～100 μm あり，メリノ種羊毛の22 μm に比べて約4～5倍大きく，空隙のあるメデュラ細胞は繊維を軽くし，曲げ強度を強くする役目を果たしており，Cys 含量は非常に少ないが，イソペプチド架橋によっ

て安定化されている[9]。メデュラ細胞は太い羊毛繊維や毛髪繊維に見られるが，それを構成する物質は非晶性で，その形態は種によって異なる。羊毛と毛髪において大きく異なる組織はキューティクルの枚数で，羊毛の平均1.5層に対して毛髪では6〜10層と多く，重量も10%に対して15%を占めている。毛髪（直毛）ではパラコルテックス細胞が大部分を占めている。また，コルテックス細胞のオルソおよびパラコルテックス組織の存在位置には，羊毛ほどの偏りはなく，カール毛やくせ毛では湾曲した外側にオルソコルテックス組織が多く分布していると報告されている[10],[11]。羊毛および毛髪繊維全体の1/2 Cys含量を比較すると，羊毛で10.5 mol%に対して毛髪では16.3 mol%と毛髪がかなり高い[12]。コルテックスに占めるミクロフィブリル（Mf）成分はメリノ羊毛が多く，これに対してマトリックス成分は毛髪が多いとされている。IFタンパク質を構成するType ⅠおよびType Ⅱタンパク質の種類は，羊毛でそれぞれ4種類であるのに対して，毛髪ではそれぞれ6および9種類が同定されているが[13]〜[16]，羊毛と異なり，奇数である理由も明らかにされていない。

3.2　コルテックスにおける中間径フィラメント(IFs)の配列

　図3.3に，拡大したTEM写真を示す[17]。パラコルテックス細胞では，円形の断面を持つミクロフィブリル（Mf）が，ほぼ六方晶形に規則的に配列されている（図3.3(a)）。一方，オルソコルテックスでは，Mfが指紋状に配列され（図3.3(b)），Mac中心部分に存在するMfの形状は，パラコルテックスのそれと同じ円形断面を持っている（図3.3(c)(d)）。表3.1に示すように，Mfは直径7〜10 nm，長さ〜1 μmの円筒形であることから，パラコルテックス側のMfは繊維軸に平行に配列し，指紋状に見えるオルソコルテックス側のMac中心領域は繊維軸に平行に，そして中心から離れるにしたがって，Mfは繊維軸に対してより多く傾斜配列していると考えられている。

　図3.3(c)に示したパラコルテックス側の電顕写真に，白いリング状の構造が

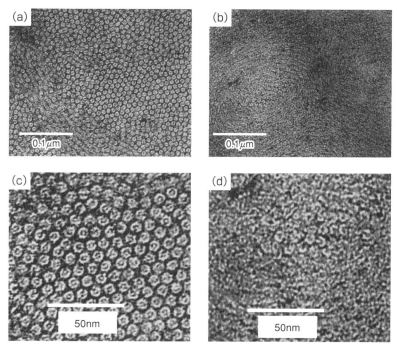

図3.3 メリノ種羊毛の拡大した横断面の TEM 写真[17]

(a)パラコルテックスのミクロフィブリル（Mf = 中間径フィラメント，IF）の六方晶
配列。

(b)オルソコルテックスのマクロフィブリル（Mac）中心部の Mf の形は，パラコルテッ
クス側の形態と類似しているが，外側の Mf は層状に傾斜配列して，個々の Mf の
外形は失われている。

(c)および(d)は，それぞれ(a)および(b)の拡大写真。

黒い背景に浮き出ているのが見られる。リングの中心部には，小さい黒い点が
あるのが観察される。白いリング状の構造は結晶性の高いミクロフィブリル
で，毛髪繊維の長さ方向に並んでいる。別な言い方をすれば，円筒状の結晶は
繊維軸に平行に配列している。電顕写真で見えるリング状の円筒の中が，配向
した結晶性物質で満たされているのかどうか，研究者の間で未だ結論が出てい
ない。いずれにしても円筒を取り囲んでいる周りの黒く見える領域は，シスチ
ン残基の濃度の高い分子が存在している。規則的に充填されている結晶の中の

分子と違って，樹脂のように不規則な構造をしていることからマトリックスという。こうして見ると，毛髪コルテックスは，まっすぐな円筒状の結晶性フィラメントがマトリックスに埋め込まれた構造になっているといえる。

ここで，パラコルテックス側のミクロフィブリルの配列を図3.4(b)に模式的に示す。図3.4(a)に図3.3(c)を再掲した。半径Rの円形フィラメントを中心に，その周りに6個のフィラメントが六角形に配置されている構造をしている。いわゆる，擬六方晶配列を取っている。未伸長状態の毛髪では，フィラメント間距離：$A_m = 10$ nm，フィラメントの半径：$R = 3.8$ nm である。これに対して，毛髪を35%引っ張った時，$A_m = 8.55$ nm，$R = 3.65$ nm に変化することが，小角X線回折法を用いて明らかにされている[18]。したがって，フィラメントの半径，Rの変化の割合（3.8/3.65 = 1.04）より，A_mの変化（10/8.55 = 1.17）が大きいことがわかる。これは，毛髪を伸長する時にマトリックスの方がフィラメントよりも圧縮されやすく変形を受けやすいこと，換言すれば，フィラメ

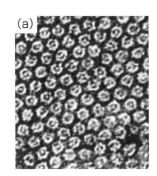
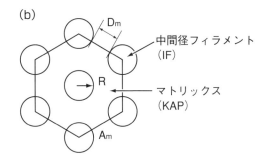

毛髪を35%引っ張った時の中間径フィラメントの寸法変化

フィラメントの寸法変化(nm)	未伸長	35%伸長
フィラメント半径(R)	3.8	3.65
フィラメント間距離(A_m)	10	8.55

図3.4　パラコルテックス側のミクロフィブリルの配列

(a)は図3.3(c)と同じ。
(b)「IF + KAP」構造単位の配列模式図[18],[19]：Mf（IF）の半径：R，Mf間距離：A_mは決定されている。

ントは硬く変形しづらいことを意味している。また，湿度によるこれらパラメータの変化が毛髪繊維に対して報告されている[19]。Mf のエッジ間距離 D_m（$= A_m - 2R$）と A_m との直線関係から，マクロ伸長による A_m の減少はマトリックスの横方向の収縮によることが示されている[18]。

　毛髪や羊毛の力学的特性のうち，屈曲強度は，どんな天然繊維や汎用の合成繊維と比べても最大であることがわかっている。この曲げても折れない頑丈さや強靭性は，それら繊維の構造と深く関係する。適度に柔軟性のあるマトリックス樹脂がフィラメント間に入っている複合材料の場合，クラックは発生せず，破壊は阻止される。この複合材料の強化原理が分子レベルで巧みに活かされているのが，毛髪や羊毛に代表されるケラチン繊維の構造である。回転や屈曲運動を司る微生物の鞭毛や繊毛の構造が，毛髪の円筒状「ミクロフィブリル＋マトリックス」凝集単位のそれと類似していることは興味深く，羊毛や毛髪はナノ複合材料のモデルである。

3.3　階層構造の特徴と階層レベルの定義

　ケラチン繊維の強靭性が複合材料の強化原理にしたがうにしても，力学変形下で起こる現象には，SH/SS 交換反応による応力緩和機構や，$\alpha \rightleftarrows \beta$ 転移機構による β 結晶の生成が随伴して起こることが古くから知られている。また，最近では，コイルドーコイル 2 量体間の滑りが起こることも明らかにされている。力学変形における中間径フィラメント（IFs）の大変形性や弾力性，あるいは変形後期に見られる硬化現象は，各階層の特性として位置付けることはできない。力学変形下で起こる現象は，各階層間にわたって起こるカスケード的現象によると解釈される。したがって，各階層間の相互作用を解き明かすことが重要であるが，ほとんどわかっていない。ここには新しいチャレンジングな世界がある。

　ケラチン組織の構造を階層的に見れば，最上位の繊維構造を支えるために中

間の階層があり，各階層を小集団にまとめることによって，毛髪や獣毛繊維による生体防御の機能や力学的性能を発揮するための構造制御が各階層で行われ，繊維全体で膨大な処理を必要とするような非効率性を避けるシステムがケラチン繊維に構築されているように思われる。植物繊維の綿繊維は単細胞繊維であり，綿繊維の示す強伸度曲線は極めて単純で，結晶／非晶モデルで説明されるが，多細胞からなるケラチン繊維の強伸度曲線を説明できる力学モデルは未だ示されていない。

　表3.2は，Brysonら[20]による羊毛繊維の階層レベルの命名である。最上位の羊毛繊維構造をレベル9に置き，その下位のコルテックスおよびキューティクル細胞をレベル8とした。最下位の原子をレベル1に，タンパク質分子をレベル2に，タンパク質分子集合体からなる中間径フィラメント（IFs）やマトリックス（KAP）をレベル3とし，さらに上位にIF＋KAP複合体をレベル4に置き，キューティクル細胞間あるいはコルテックス細胞間にあるCMCのβ層＋

表3.2　羊毛繊維構造の階層レベル

	レベル	寸法	羊毛繊維構造						
繊維全体	9	20 cm × 20 μm	長さ，面積，形態，スケール，クリンプ，変異形						
細胞	8	100 μm ×5 μm	コルテックス			キューティクル			
			オルソ	パラ	メソ				
亜細胞	7	2 μm	原形質残存物質 マクロフィブリル＋ マクロフィブリル間物質			CMC	エンド	エキソ B層	エキソ A層
	6	0.2 μm							
	5					ラミナータンパク質脂質凝集体			
タンパク質複合体	4		メデュラ	中間径フィラメント＋ マトリックス複合体 らせん状渦巻き，平行配列			タンパク質等	タンパク質等	脂質等
	3	7 nm		IFフィラメント， マトリックスタンパク質		脂質，タンパク質等			
分子	2	1 nm		ケラチンタンパク質分子 ケラチン結合タンパク質					表面化学
原子	1	0.5 nm	原　子						

δ層を構築する脂質とタンパク質凝集体をレベル5あるいは6とした。レベル7のマクロフィブリル集合体からなる細胞の小集団としてのコルテックスをレベル8に位置付け，多細胞からなる羊毛繊維の階層レベルが定義された。階層レベルと各組織構造の大きさを図3.1の左側に挿入したスケール上に示した。

3.4 中間径フィラメント(IFs)＋マトリックス(KAP)複合体の構造

3.4.1 階層構造を取る IF 分子

第1章で述べたように，IF 鎖（単量体）は，同じ長さ（20〜21 nm）のセグメント1と2からなり，ノンヘリカルな（ヘリックスを巻いていない）L_{12}鎖で連結され，各セグメントは，それぞれαヘリックスを形成する A および B セグメントからなり，それらは L_1 および L_2 の短いノンヘリカルな鎖で結合されている。2B セグメントには，ヘリックスの連続性に不完全な部分でヘリックスの「繰り返し配列（ヘプタッド）」が逆転した「あともどり」と呼ばれる部分（stutter）が存在する。また，$2A+L_2$ 部分はコイルド－コイルの形態を取らず，一対のαヘリックスの平行鎖（pair bundle）からなっていることが最近明らかになった[21),22)]。IF タンパク質は，かなりの部分（約88％）が「らせん」の形（αヘリックス）を持つ分子量約50,000の分子である。この分子2本が互いに巻いてロープ（coiled-coil rope, IF 分子）を形成し，さらに一対のロープが集まって4分子集合体（4量体）となる。この集合体が単位となって，円筒状に8単位が集合しミクロフィブリルを形成する[23)〜27)]。この集合体を中間径（10 nm）フィラメント（IF）と呼んでいるが，どのようにロープが集合しているのか細かいことは未だわかっていない。ロープ末端（N,C 末端）は，αヘリックス構造を取らず，Pro や Cys 残基が多量含まれていることがわかっている。しかし，末端鎖が円筒状のミクロフィブリルに対し，どのような立体配置を取っているのか解明されていない。現在のところ，末端領域はロープ表面に折り返されているのではないかと考えられている[28)]。筆者らは，IF タンパ

ク質の SS 架橋とその反応性から，N,C 末端鎖網目が IF 分子周囲を取り巻いていると推定した（図3.1）[29]。

表3.1に示すように，IF フィラメント（IFs）を構成する IF 鎖には，酸性の Type Ⅰ と中性あるいは塩基性の Type Ⅱ がある。羊毛で各 4 種類，計 8 種類あって，Type Ⅰ と Type Ⅱ の対の凝集構造があるが，毛髪では計15種類あり，凝集体に多形があるとされている。いずれにしても，IF 鎖や IF 分子それ自身が階層構造を形成している。繊維の伸長変形に対して IF 鎖や IF 分子内の種々のセグメント領域はどのように変形するのであろうか？また，どのセグメントの変形からはじまるのであろうか？ 4量体の変形には 2 量体間の滑りによる変形が含まれるのであろうか？興味ある問題であるが，ほとんど解明されていない。表3.2における階層レベルの分類では，繊維の伸長変形でさえ説明できるようには思われない。

3.4.2　中間径フィラメントの凝集構造モデル

IF 分子集合体の半径方向の密度分布は，未だ解明されていない問題の一つである。ここで，図3.3の電顕写真(a)をもう一度見ることにする。白いリング状の構造の中に染色濃度の高い黒い点のような領域が見えるが，この中心部分が空洞なのか，詰まっているのかわかっていない。電顕写真では，ミクロフィブリルの倍率をどんどん拡大していっても実体はわからない。リングの中が非晶物質なのか，空洞なのかということについて研究者の間での結論は得られていない。今のところ見える像は，単にアーティファクト（artifact，画像の乱れ）であり，実像ではないと考えられている。

図3.1は，硬く詰まった円筒（Solid cylinder）モデル[1]であるが，その他「Ring ＋Core」モデル[12]および中空円筒（Hollow cylinder）モデル[30],[31]がある。図3.5は，Solid cylinder モデルの一つである[32]。図3.5(a)は，直径約10 nm の IF フィラメントの電子顕微鏡写真である。図3.5(b)の(2)は，α ヘリックス領域を持つ Type Ⅰ と Type Ⅱ 分子鎖が平行に配列し，長さ48 nm のコイルド－コイル 2 量体となる。2 量体は，逆平行の状態で互いに1/4ずれて配列し，4 量体

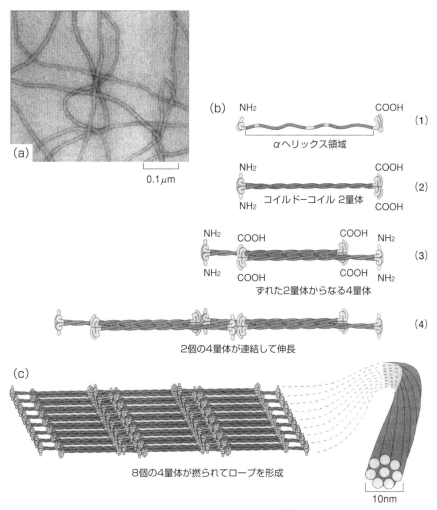

図3.5 Solid cylinder モデル[32]

(a) IF の電顕写真で，〜10 nm の直径を持つ曲がりくねったひも状の連なりとして見える。

(b)(1) α ヘリックスの両端に N, C 末端を持つ単量体の模式図

(2) 単量体が頭を揃えて集まった 2 量体

(3) 2 量体は，頭をずらして段違いに並んだ 4 量体

(4) 4 量体が長さ方向に連結して伸び，最終的に，

(c) 4 量体が 8 つ集合して IF フィラメント（32 量体）となり，伸長してきっちりした凝集体ができる。

を形成する。4量体は，21 nm のロッド領域を繰り返し単位として32量体へと集合し，伸長して図3.5(c)に示したような IF フィラメントが構成されるとされる[32]。

Hollow cylinder モデルは，走査型透過電子顕微鏡（STEM）および低温電子顕微鏡（CTEM）と X 線散乱データを組み合わせて Watts ら[30]により提出されたもので，この新しいモデルを図3.6に示す。試料は，ヒトの毛包やネズミの感覚毛から単離した IF を用い，フィラメント軸の周囲に直径約 3 nm の低密度領域があることを見出し，さらに構造既知の TMV（たばこモザイクウイルス）を基準に観察し，単位長さ当たり質量が32 kD/nm であること，また，この値は計算上 IF 断面積当たり32本のペプチド鎖に相当することを明らかにした。もし，47 nm の軸方向の面間隔を持つとすると，図3.6のように 4 本のプロトフィブリルが重らせんを巻いて集合する，いわゆるプロトフィブリルモデルとなる。ここで，プロトフィブリルとは 4IF 分子（8量体）集合体をいう。このパッキングでは中心に空間が生まれる。しかし，CTEM は位相コントラスト効果があり，適切な補正が要求されること，また STEM では透析して精

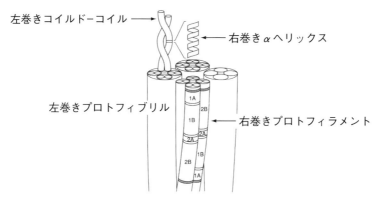

図3.6　IF フィラメントのプロトフィブリルモデル

中空円筒モデルで IF フィラメントのプロトフィブリルモデル[30]ともいう。構成単位は 4IF 分子集合体（8量体）のプロトフィブリル 4 単位が，重らせんを巻いて会合するモデルで，断面方向に空間のある構造。

製した試料の構造の完全性が保持されない可能性があるため，モデルの検証が
さらに必要である。ここで，図3.1の IF 鎖の構成単位は，2IF 分子（4 量体）
でプロトフィラメントモデルと呼ばれる。

3.4.3　IF 分子の配列モードと KAP の配列

　図3.7に，Lys 残基間の架橋化法を用いて決定された 2 量体（IF 分子）の 4
種の相互作用モードを示す[33]。3 種は，A_{22}, A_{12}, A_{11} であり，IF 分子（平行
配列）は互いに逆平行に配列し，それぞれ2B-2B，1B-2B，1B-1B 間で高い相
互作用を持つが，図3.7に示した長周期のフィラメント内配列を考えると，必
然的に頭－尾配列モード A_{CN} が存在する[34]。Kreplak ら[18]は，6.7 nm 子午線
反射を解析し，ミクロフィブリルの力学変形における超分子構造モデルを提案
した。6.7 nm 反射は，ミクロフィブリルの内部構造からの反射であることを
確かめ，その 2θ 位置は伸長によって減少（実空間の長さは増加）するが，反
射強度は変化しないことを理由に，変形は IF 分子の「滑り」によって起こる

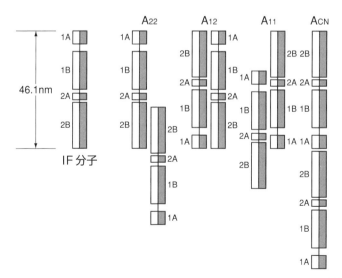

図3.7　IF フィラメントを構成する IF 分子の 4 種の相互作用モード[33),34)]

と解釈した[35]。これと関連し，還元処理による毛髪ケラチン繊維の収縮現象を解析し，IF フィラメントの A_{11} 配列のみが2.5 nm だけ滑ることを見出した[36]。筋収縮の機構に類似していることは興味深い。

　IF を構成する低イオウ（LS）タンパク質に対して，高イオウ（HS）タンパク質は IFAP（KAP）と呼ばれ，分子量約10,000〜22,000の分子で，たたみ合わされて全体がほとんど球形をした球状タンパク質分子であるといわれている[29]。それらは，集合してマトリックスを形成している。マトリックスに埋め込まれたミクロフィブリルの IF フィラメントが規則的に集まって，マクロフィブリルを形成する（図3.1）。これら構成要素は，重金属で染色された超薄切片試料を透過電子顕微鏡で観察することにより，電子密度の差として区別され，見ることができるが，球状マトリックスタンパク質の形態は観察できない。小角 X 線反射における子午線方向の2.5 nm および2.8 nm スペーシングの回折強度が，繊維の低伸長領域でほとんど変化しないことから，Spei は繊維軸方向に配列した二つの反射を球状マトリックスによると推定している[37]。

—— 参 考 文 献 ——

1）新井幸三；最新の毛髪科学，pp. 59-163，フレグランスジャーナル社（2003）
2）J. D. Leeder；*Wool Science Review*, **63**, 1（1986）
3）K. Arai, M. Negishi；*J. Polym. Sci.* A-1, **9**, 1865（1971）
4）J. H. Brudbury；"The Structure and Chemistry of Keratin Fibers" in Advances in Protein Chemistry（eds.；C. B. Anfinsen, J. T. Edsal and F. M. Richards），vol. 27, pp. 111-211, Academic Press, New York（1973）
5）J. A. Swift；*J. Cosmet. Sci.*, **50**, 23-47（1999）
6）S. Naito, T. Takahashi and K. Arai；Proc. 8th Int. Wool Text. Res. Conf., Christchurch, vol. 1, pp. 276-285（1990）
7）C. Robbins；*J. Cosmet. Sci.*, **60**, 437（2009）
8）M. Horio, T. Kondo；*Text. Res. J.*, **23**, 373（1953）
9）J. A. Swift；"The Histology of Keratin Fibers" in Chemistry of Natural Protein Fibers（ed.；R. S. Asquith），pp. 81-146, Prenum Press, New York（1977）
10）W. G. Bryson, D. P. Harland, J. P. Caldwell, J. A. Vernon, R. J. Walls, J. L. Woods, S. Nagse, T. Itou and K. Koike；*J. Struct. Biol.*, **166**, 46（2009）
11）T. Itou, Y. Kajiura, S. Watanabe, K. Nakamura, Y. Shinohara and Y. Amemiya；

Proc. 11th Int. Wool Text. Res. Conf., Leeds, 114H (2005)

12) R. D. B. Fraser, T. P. MacRae and G. E. Rogers ; Keratins: Their Composition, Structure, and Biosynthesis, Charles C. Thomas, Springfield, IL. (1972)

13) W. G. Crewther, L. M. Dowling, K. H. Gough, R. C. Marshall and L. G. Sparrow ; Fibrous Proteins; Scientific, Industrial and Medical Aspects (eds. ; D. A. D. Parry, L. K. Creamer), vol. 2, p. 151, Academic Press, London (1980)

14) L. Langbein, M. Rigers and H. Winter ; *J. Biol. Chem.*, **274**, 19874 (1999)

15) L. Langbein, M. A. Rigers, H. Winter, S. Praetzel and J. Schweizer ; *J. Biol. Chem.*, **276**, 35123 (2001)

16) H. Zahn ; *Inter. J. Cosmet. Sci.*, **24**, 163 (2002)

17) G. E. Rogers, B. K. Filshie ; Ultarastructure of Protein Fibers (ed. ; R. Borasky), p. 123, Academic Press, New York (1963)

18) A. Kreplak, F. Franbourg, F. Briki, D. Leroy, J. Dalle and J. Doucet ; *Biophys. J.*, **82**, 2265 (2002)

19) P. Barbarat, G. Luengo, C. Hadjur, D. Pele, S. Diridolle, C. Toutain, D. Braida, Y. Duvault, A. Franbourg and F. Leroy ; Proc. 23rd Congress of IFSCC, Orlando, p. 108 (2004)

20) W. G. Bryson, F. -J. Wortmann and L. N. Jones ; Proc. 10th Int. Wool Text. Res. Conf., Aachen, 106FW (2000)

21) D. A. D. Parry, S. V. Strelkov, P. Burkhard, U. Aebi and H. Herrmann ; *Exp. Cell Resarch*, **313**, 2204-2226 (2007)

22) H. Herrmann, S. V. Strelkov, P. Burkhard and U. Aebi ; *J. Clinical Invest.*, **119**, 1772 (2009)

23) P. M. Steinert ; *J. Invest. Dermatol.*, **100**, 729 (1993)

24) P. M. Steinert, D. A. D. Parry ; *J. Biol. Chem.*, **268**, 2878 (1993)

25) J. F. Conway, R. D. B. Fraser, T. P. MacRae and D. A. D. Parry ; "Protein Chains in Wool and Epidermal Keratin IF: Structural Features and Spatial Arrangement" in The Biology of Wool and Hair (eds. ; G. E. Rogers, P. J. Reis, K. A. Ward and R. C. Marshall), pp. 127-144, Chapman and Hall Ltd., London (1989)

26) H. Herrmann, M. Maner, M. Barettel, S. A. Muller, K. N. Goldie, B. Fedtke, W. W. Franke and U. Aebi ; *J. Mol. Biol.*, **264**, 933 (1996)

27) D. A. D. Parry ; *Int. J. Biol. Macromol.*, **19**, 45 (1996)

28) S. V. Strelkov, H. Herrmann, N. Geisler, R. Zimbelmann, P. Burkhaard and U. Aebi ; Proc. 10th Int. Wool Text. Res. Conf., Aachen, KNL-4, p.1 (2000)

29) W. G. Crewther ; *Text. Res. J.*, **35**, 867 (1965)

30) N. R. Watts, L. N. Jones, N. Chang, J. W. S. Wall, D. A. D. Parry and A. C. Steven ; *J. Structural Biol.*, **137**, 109 (2002)

31) F. Briski, B. Busson and J. Doucet ; *Biochim. Biophys. Acta*, **1429**, 57 (1998)

32) B. Alberts, A. Johnson, J. Lewis, M. Raff, K. Roberts and P. Walter ; "A model of intermediate filament construction" in Molecular Biology of the Cell, Garland

Science, 4th Ed., New York（2002）
33) P. M. Steinert, L. N. Marekov, R. D. B. Fraser and D. A. D. Parry ; *J. Mol. Biol.*, **230**, 436（1993）
34) D. A. D. Parry, P. M. Steinert ; *Quat. Rev. Biophys.*, **32**, 99（1999）
35) R. Rohs, C. Etchebest and R. Lavery ; *Biophys. J.*, **5**, 2760（1999）
36) D. A. D. Parry, H. Wang, L. N. Jones, W. W. Idler, L. N. Marekov and P. M. Steinert ; *J. Cell Biol.*, **151**, 1459（2000）
37) M. Spei ; *Kolloid-Z, nZ. Polym.*, **250**, 207-213（1972）

第4章

膨潤ケラチン繊維の弾性発現と
ジスルフィド架橋構造

4.1　はじめに

　ケラチン構造の立場から，ケラチン繊維の示す特徴的な応力－伸長曲線の解釈について，長い間興味が持たれており，種々のモデルが提示されているが，同時に起こる現象の説明には十分成功しているとはいえない。コルテックスを構成するミクロフィブリル（IF）とマトリックス（KAP）の分子複合構造の解明も，未だ道半ばである。

　しかし一方では，複雑な階層構造が伸張に伴ってカスケード的に開放されることもわかってきた。X線による結晶学的研究は，IF の構成要素である1A,1B, 2B および pb などの結晶性領域と，それらを連結する非晶性の L_1 および L_{12} 領域を含む IF 分子の結晶化が困難であるという事実があり，適用限界が見えてきた。現在，ケラチン分子集合体の凝集に係わる要素原子の原子間力を大容量の計算機を用いて処理し，伸長による原子間力の変化から分子レベルの構造変化を探ることが研究者の主要テーマとなっている。元来，非晶性成分が50％あるいはそれ以上も存在するケラチン繊維の複雑さの解明は，結晶学的研究からだけでは無理であり，非晶性物質として捉える必要がある。ケラチン繊維を膨潤させ，分子間力を事実上無視できる条件を見出し，ジスルフィド

（SS）結合により架橋された巨大なケラチン網目を，分子間相互作用のない膨
潤網目に変えて網目弾性率を測定することができれば，分子間SS結合の数を
推定できる。また，膨潤体中に存在する高架橋密度の球状タンパク質は，網目
の伸長に対して，高分子フィラー（充填剤）として網目系に作用し，流動抵抗
を生じるので，ゴム弾性論の観点からいえば，フィラー粒子の大きさは網目弾
性率に直接関係すると予測される。ここでは，低架橋密度のミクロフィブリル
（IF）タンパク質＋高架橋密度のマトリックス（KAP）構造単位からなるコル
テックスの伸長モデルとして，充填剤を含むゴム弾性論を適用した。

4.2　臭化リチウム濃厚溶液による膨潤と膨潤網目の安定化

4.2.1　SH/SS交換反応の抑制

　ケラチン繊維は，濃厚な臭化リチウム水溶液で過収縮し，弾性体となる。最
初はAlexander & Hudson[1]により，またHaly[2),3)]とFeughelman[3)]により膨潤
挙動が詳細に研究された。図4.1に示すように，過収縮は2段階の異なる過程
があり，分子間SS結合の切断を伴わない第1段過収縮過程と，続いて起こる

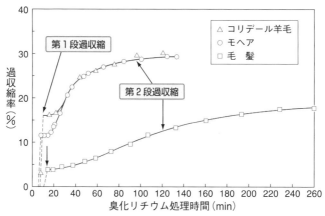

図4.1　臭化リチウム溶液中のケラチン繊維の過収縮挙動[3)]

第2段過収縮では SH/SS 交換反応を通じて，結合の切断が起こることが明らかにされた[3),4)]。交換反応は，式4.1および式4.2で示され，SS 結合への $S^{\ominus}$ の求核攻撃により開始される。膨潤繊維の SS の安定化は，SH/SS 交換反応（式4.1）のイオン化を抑制すればよいので，濃厚な臭化リチウムと自由に混合する有機溶媒混合系が用いられた[5)]。

$$K_1SH \quad \rightleftarrows \quad K_1S^{\ominus} + H^{\oplus} \cdots\cdots\cdots （式4.1）$$

$$KS_2 - S_3K + K_1S^{\ominus} \quad \rightleftarrows \quad KS_2 - S_1K + K_3S^{\ominus} \cdots\cdots\cdots （式4.2）$$

図4.2に，第1段過収縮羊毛（リンカーン種）繊維の6.6 MLiBr との各種混合溶液中で，40℃，50%伸長下の応力緩和曲線，$f_t/f_{1.5}$－log t との関係を示す。ここで，f_t は t 時間後の応力，$f_{1.5}$ は1.5 sec 後の応力である。ここでの試料は，6.6 MLiBr 水溶液中8%収縮させた第1段過収縮（SC）繊維が用いられた。6.6 MLiBr 水溶液中では，t = 10^2～10^3 sec の範囲で SH/SS 交換反応による急速な応力緩和が認められるが，混合系では，有機溶媒濃度が増加するにつれて緩和の開始時間は遅れ，緩和速度も減少する。50%ブチルカルビトール（BC）混合系では，～10^5 sec 内では緩和現象は観測されない。ジスルフィド（KSSK）

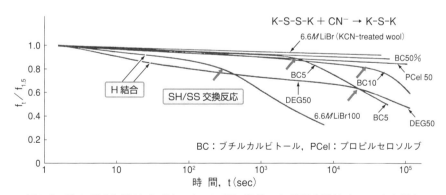

図4.2　第1段過収縮羊毛（リンカーン種）繊維の各種混合溶液中での応力緩和

種々の割合で混合された臭化リチウムと，ジエチレングリコール（DEG）およびエチレングリコールモノアルキルエーテル混合溶液中8%過収縮羊毛繊維の，50%伸長における40℃での応力緩和曲線。太い矢印は応力緩和が始まる領域。HO(CH₂CH₂O)₂C₄H₉(BC)，HOCH₂CH₂OC₃H₇(PCel)，HO(CH₂CH₂O)₂OH(DEG)

基をランチオニン結合（KSK）に変換した羊毛では，LiBr 水溶液中でも応力緩和が起こらないので，混合系では明らかに化学応力緩和が抑制されることが示された。

4.2.2　疎水基相互作用の抑制と交換反応の禁止

　混合溶液の羊毛繊維に対する膨潤力は，用いたジエチレングリコールモノアルキルエーテル（カルビトール）あるいはモノエチレングリコールモノアルキルエーテル（セロソルブ）のアルキル基の数に依存し，次の順序で減少する。

$$PCel > BC \simeq BCel > EC \simeq DEG > MC$$

　これは，羊毛を構成するアミノ酸の側鎖相互作用の減少の順序に一致すること，また膨潤繊維の X 線回折図形は，未伸長あるいは50%伸長いずれの状態でもハローを示し，結晶成分は存在しないことが明らかにされた。図4.3に，第1段過収縮（SC）繊維の種々の6.6 MLiBr/BC 混合溶液および純粋の BC 中における SC 繊維の応力−伸長曲線を示す。これら溶液中の SC 繊維は，いずれも結晶成分を含まないランダム鎖の集合体であるから，BC 濃度50%以上で見られる初期弾性率の増加は，分子間イオン結合や水素結合を再生する傾向があることを示唆している。純粋の BC 中では脱膨潤が起こり，分子間相互作用

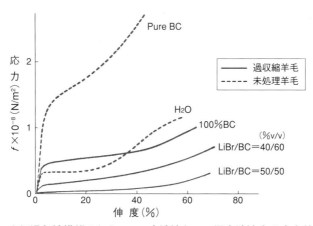

図4.3　8%過収縮繊維の6.6 MLiBr 水溶液と BC 混合溶液中の応力伸度曲線

の増加と初期弾性率の著しい増加が生じる。混合溶液の膨潤効果として，①カルビトールやセロソルブの混合比率を変化させると，ランダム鎖の状態を保持したまま，膨潤状態から脱膨潤の状態まで幅広く制御できること，そして②膨潤伸長状態における SC 繊維の疎水基相互作用を n-プロピルおよび n-ブチル基を持つ 2 成分混合系を用いて減少できることがわかった[5]。

　図4.4に示すように，混合溶液に用いる有機溶媒のアルキル基の種類により，初期弾性率は次の順序で減少する。

$$DEG > MC > LiBr > BC \simeq EC \simeq BCel > PCel$$

そして，この順序は膨潤度とは逆の関係にあり，疎水基相互作用の減少順序と一致する。混合系における SC 繊維の切断伸度は75％程度であるのに対して，LiBr 水溶液単独系では100％に達する。これは，交換反応が式4.1および式4.2により自由に起こるためである[5]。膨潤ケラチン繊維の疎水基相互作用を最小にするためには，n-ブチル基を持つカルビトール系が最適であることが見出された。これに加えて，伸長過程で交換反応を完全に禁止するためには，第 1 段過収縮条件として0.01M N-エチルマレイミド（NEMI）を含む 11 MLiBr 水溶液中で90℃，1 h 前処理した SC 繊維を用いることが必要である

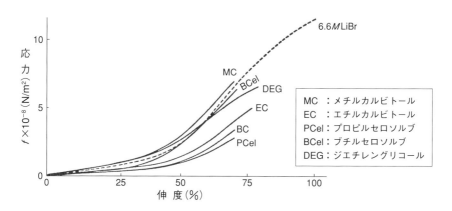

図4.4　6.6 MLiBr 水溶液とモノ-およびジ-エチレングリコールモノアルキルエーテル等容混合溶液中の 8 ％過収縮羊毛繊維の強伸度曲線

①膨潤試料の調製
　11M LiBr ＋ 0.01M N-エチルマレイミド（NEMI），90℃，1h
②応力−伸度曲線
　8M LiBr/HO（CH₂CH₂O）₂C₄H₉（BC）=55/45（%v/v），50℃

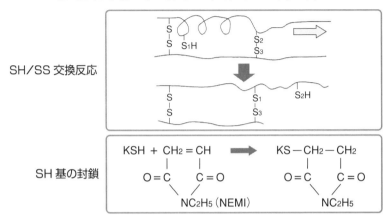

図4.5　ケラチン繊維の膨潤，SH 基の封鎖，および伸長条件

と結論された。ここで NEMI は，フリー SH 基の封鎖剤である（図4.5参照）。また，膨潤繊維の熱弾性測定から伸長応力に占めるエネルギー成分を正確に決定するためには，実験温度範囲にわたって繊維の熱膨張係数（膨潤度）が一定の条件を満たさねばならない。この条件を満足する混合比率が詳細に検討され，8 M LiBr/n-ブチルカルビトール=50/50（% v/v）の等容混合溶液，あるいは毛髪に対して55/45（% v/v）混合系が測定溶液として選択された[6]。

4.3　エントロピー弾性

4.3.1　膨潤繊維の伸長と回復過程の現象理解

　図4.6に，毛髪(a)および羊毛(b)繊維のヒステレシス曲線を示す。ここで，測定温度は40℃（実線）および50℃（点線），伸長速度10%/min である。曲線からわかるように，元の長さの30%伸長した膨潤繊維は元の長さに回復し，ゴ

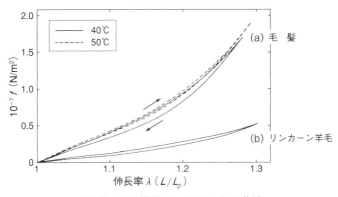

図4.6　膨潤繊維のヒステレシス曲線

ム状の弾性を示す。さらに，実線（40℃）の伸長曲線と回復曲線の軌跡は一
致せず，熱エネルギーの損失が見られ，見かけ上，羊毛に比較して毛髪の損失
量が大きい。しかし，測定温度50℃（点線）の伸長－回復曲線は同じ道筋を
通り，実質上，エネルギー損失はない。膨潤体を伸長する時の仕事量と回復す
る時の仕事量，換言すれば膨潤体が環境に対してなす仕事量とは等しく，伸長
－回復過程で膨潤体は，熱的にも力学的にも，環境にいかなる変化の痕跡も残
さないことになる。このような伸長－回復過程の変化を可逆変化（Reversible
change）という。ここで注意すべきは，40℃に見られた損失は，伸長速度を
ずっと遅くして測定すればなくなると予測される。理想的には，無限にゆっく
りと変化させることである。現象の正しい理解には，有限変化の実験結果を検
証しなければならない（4.3.2項参照）。

　鋼鉄は強い力でわずかに変形するが，力を抜けば元の長さに回復する。鋼鉄
やゴムは，ともに引っ張った手の力を抜くと，元の長さに戻る弾性的性質を
持っている。しかし，同じ弾性でも発現の仕方は違う。前者は結晶の原子間距
離の伸長歪み（ひずみ）によるポテンシャルエネルギーの変化による弾性，後
者は高分子鎖の形態の変化から生じる熱に敏感な弾性であり，それぞれエネル
ギー弾性とエントロピー弾性と呼ばれている。しかし，物質の弾性変形に要す

る力が，すべてエネルギー弾性であり，そしてすべてがエントロピー弾性であるような弾性は現実世界には存在しない。100％エントロピー力を示す弾性を理想ゴム弾性という。現実のケラチン膨潤繊維を変形する力（f）は，エネルギー成分（f_e）とエントロピー成分（f_s）に分けられる。ゴム弾性論を膨潤体に適用するには，あらかじめ，f_e/f（$= 1 - f_s/f$）値，つまり全応力に占めるエネルギー成分の割合を実験的に決めることが必要である。

4.3.2　ゴムの伸長変形の熱力学

　問題のエネルギー成分は，古典熱力学の力と長さと温度との関係から決定することができる。熱力学第一法則は式4.3のように仮定される。

$$dU = dQ + dW \cdots\cdots（式4.3）（第一法則）$$

　ここで内部エネルギー U の増加は，系により吸収された熱 dQ と，系になされた仕事 dW の和によると仮定する。左辺の U は抽象量であり，実体はわからない，それどころか内容を知ろうともしないで内部エネルギーと呼ぼう。式4.3は，1 の状態から 2 の状態への内部エネルギーの変化量 dU（$= U_2 - U_1$）の計算方法を与えているに過ぎない。もし，等号であるとすれば誰にもこの式を理解できない。また，この仮定によってある自然現象が説明できない時は，式4.3は捨てられる運命になる。しかし，今までそのような現象は見つかっていない。したがって，第一法則ではなく，むしろ第一原理ともいうべきものである。

　可逆変化の場合，系の不規則性（乱雑さ）の変化 dS は，吸収された熱量 dQ に比例すると仮定する。

$$dS \propto dQ/T \cdots\cdots（式4.4^*）$$

　ここで，比例常数は1/T である。また，系の乱雑さ（エントロピー）S も U と同じ抽象量で，1 の状態から 2 の状態への変化量 dS（$= S_2 - S_1$）である。計算方法を与えるには等号で結ばねばならない。1 から 2 への状態変化は，実際の変化では複雑な変化が起こり，混乱が起こる。この変化をゆっくり行えば，混乱は少なくなるであろう。極限の状態として無限にゆっくり行う準静的

な変化では，混乱は実質的に ≃ 0 になると期待される。可逆変化では，系に吸収される熱量 Q（ここでは膨潤繊維の回復過程に相当）は混乱の処理に使われず，すべて吸収されることになる。ここで計算式を作って式4.4*を式4.4のように書くことにする。

$$dS = dQ_{rev}/T \cdots \cdots （式4.4）（第二法則）$$

つまり，Q の代わりに Q_{rev} をとって等式にし，式4.4の計算式を仮定したわけである。式4.3も式4.4も全く同じ構造であり，ともに計算方法を与えているにすぎない。式4.3も式4.4も抽象量であるから，実際には数値計算ができない。これではせっかくの原理も宝の持ち腐れでしかないが，以下の誘導は先人の努力によって行われ，測定可能な量に変換することができるようになった。その方法を紹介する。

可逆変化の場合，式4.3と式4.4から式4.5が得られる。

$$dU = TdS + dW \cdots \cdots （式4.5）$$

ここで自由エネルギー F を考える。Helmholtz が壁に向かって苦節 7 年の歳月を費やしたといわれる式4.6を以下に示す。

$$F = U - TS \cdots \cdots （式4.6）$$

温度 T が一定なら式4.7が得られる。

$$dF = dU - TdS \cdots \cdots （式4.7）$$

式4.5と式4.7から式4.8が得られ，式4.9へ変形される。

$$dF = dW = f dL \cdots \cdots （式4.8）$$

ここで，f は力，L は長さ，dL は長さ変化（伸長率 = dL/L）である。式4.8から式4.9が得られる。

$$f = (\partial F/\partial L)_T \cdots \cdots （式4.9）$$

したがって，式4.9から，応力 f は単位長さ当たりの自由エネルギー F の変化として示される。

自由エネルギーは，式4.8（dF = dW）で示されるので，F が仕事関数といわれる所以である。ところで，式4.8の dW = f dL について，もし大気圧下の

伸長過程で，長さ変化に伴って膨潤体の体積変化が起こる時，膨潤体に対してなされる仕事は式4.8に－pdV を加え，式4.10とする必要がある。

$$dW = f dL - p dV ………（式4.10）$$

したがって，f は式4.11で示される。

$$f = (\partial W/\partial L) - p(\partial V/\partial L) ………（式4.11）$$

ここで式4.10の第2項は，$f dL$ の$10^{-3} \sim 10^{-4}$ 程度の大きさであり，第1近似として式4.12が得られる。

$$f = (\partial W/\partial L)_{T,V} = (\partial F/\partial L)_{T,V} ………（式4.12）$$

式4.7と式4.12より，式4.13が得られる。

$$f = (\partial F/\partial L)_{T,V} = (\partial U/\partial L)_{T,V} - T(\partial S/\partial L)_{T,V} ………（式4.13）$$

再び，式4.6は等温変化である必要はないので，どんな変化に対しても成立する式4.14に書き変える。

$$dF = dU - TdS - SdT ………（式4.14）$$

また，式4.8と式4.14から式4.15および式4.16が得られる。

$$
\left.
\begin{array}{l}
dU = f dL + TdS \;(T,V = 一定) \\
dF = f dL - SdT \;(S,V = 一定) \\
(\partial F/\partial L)_{T,V} = f, \;(\partial F/\partial T)_{L,V} = -S
\end{array}
\right\} ………（式4.15）
$$

状態量の性質であるが，変化の道筋を最初は T,V 一定で L を変化し，次に L 一定で T を変化させても，また L,V 一定で T を変化させ，次に T 一定で L を変化させても最終の状態量は同じであるから，式4.16が成立する。

$$\partial [(\partial F/\partial L)_{T,V}/\partial T]_L = \partial [(\partial F/\partial T)_{L,V}/\partial L]_T ………（式4.16）$$

式4.15と式4.16から式4.17が誘導され，単位伸長当たりのエントロピー変化は，測定可能な量として $(\partial f/\partial T)_{V,L}$ を与える。

$$(\partial S/\partial L)_{T,V} = -(\partial f/\partial T)_{V,L} ………（式4.17）$$

この式4.17を式4.13に入れると，式4.18が得られる。

$$(\partial U/\partial L)_{T,V} = f - T(\partial f/\partial T)_{V,L} ………（式4.18）$$

式4.18は，体積 V 一定，長さ L 一定の条件で，温度勾配 $(\partial f/\partial T)$ が測定

できれば，単位の長さ変化によるエネルギー成分の大きさ（$\partial U/\partial L$）を見積もることができるということになる。しかし，温度を変えて応力をL一定の条件下で，実験的に式4.18の温度勾配を求めるには，装置全体に大きな圧力を掛けて熱膨張をキャンセルして行わねばならず，事実上不可能である［膨潤しないゴムについては実験装置が組み立てられ，$(\partial f/\partial T)_{V,L}$の測定が行われた］[7]。このような定容下の実験は困難であるため，定圧下の実験からV一定の条件で，エネルギー成分の値を推定する種々の近似式が提示されている。しかし，濃厚塩類を含む混合溶媒の場合には，導入された因子の実験的決定や仮定に対する検証が困難であり，得られたエネルギー成分の値の信頼性を検証することができない。

　この問題を解決するために，混合溶液の組成変化を系統的に行い，線膨張係数が，ある実験温度範囲でゼロを示すような理想の混合液組成が見出された[6]。8 MLiBr/BC 等容混合溶液中で，膨潤繊維の長さ変化を測定した結果を図4.7に示す。未還元毛髪繊維および還元後シアノエチル化したSS基濃度が91.6 μmol/g の還元繊維を，温度30〜75℃の範囲で温度上昇および温度降下の両過

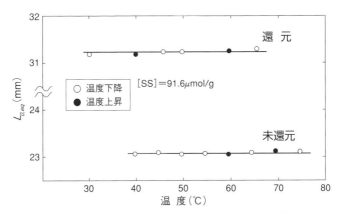

図4.7　8 MLiBr /BC 等容混合溶液中，未伸長膨潤毛髪および未伸長還元毛髪の平衡長さ $L_{0,eq}$ と温度との関係

還元：TBP 還元後 β - シアノエチル化（K-SH + CH$_2$ = CH-CN → K-SCH$_2$-CH$_2$-CN）

程で測定した。溶液と平衡状態にある繊維の初期長 $L_{0,eq}$ は，温度軸に平行に推移し，長さ変化は事実上なかった。この結果から式4.18は，式4.19に変換される。すなわち，大気圧下，溶液と平衡状態にある膨潤繊維を温度 T 一定，伸長率λ（= $L/L_{0,eq}$）一定の下で応力 f_{eq} を測定し，f_{eq} に対する温度プロットの勾配（$\partial f / \partial T$）から式4.19を用いて，全応力に占めるエネルギー成分の大きさ f_e/f を計算することができる。

$$f_e/f = 1 - (T/f)\,(\partial f / \partial T)_{p,\,\lambda,\,eq} \cdots\cdots（式4.19）$$

　膨潤ケラチン繊維に対するブチルカルビトール（BC）と 8 MLiBr との等容混合溶液の示す特異な温度効果は，小さい $Li^{\oplus}$ イオンに配位した水分子が BC により脱水置換され，$Li^{\oplus}$ イオン – BC – H_2O コンプレックスが生成し，繊維の膨潤が抑制されるためである（図4.3参照）。

4.3.3　熱弾性

　図4.8および図4.9に，8 MLiBr/BC 等容混合溶液中で伸長率を変化させて測定した未処理（未還元）毛髪および還元［トリ-n-ブチルフォスフィン（TBP）還元後β-シアノエチル化封鎖処理］毛髪の，f_{eq} に対する温度との関係を示す。プロットは，温度下降および温度上昇の各伸長過程で測定された値で，良い直線が得られている。熱弾性的性質の種々の因子を表4.1および表4.2に示す[6]。問題の f_e/f 値を最後の欄に示す。未処理試料では，伸長率20％までエネルギー成分はほとんどなく，25％を超えると急激に増加する。これに対して，還元試料では，50％以上の大変形下でもエネルギー成分は非常に少ないことがわかる。還元剤はトリ-n-ブチルフォスフィンを用い，球状タンパク質の還元が優先して起こる条件下で調製された繊維膨潤体には，疎水性タンパク質で満たされた硬い球状タンパク質凝集体は存在しないことが確かめられている[8]。未処理試料におけるエネルギー項は，明らかにマトリックスの存在によるものである。エネルギー成分の大きさは，伸長変形によるコンフォメーションの変化，すなわち，結合の回転障壁を越えるような結合角の変化が関係する。それゆえ，f_e/f 値は高分子鎖の形態を予測するのに利用される。還元繊維の伸長に

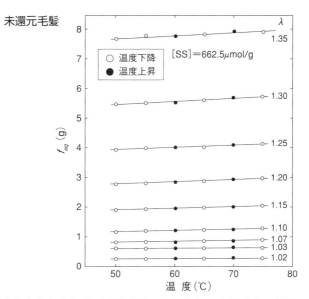

図4.8　伸長率を変化させた時の膨潤毛髪の平衡応力 f_{eq} と温度との関係

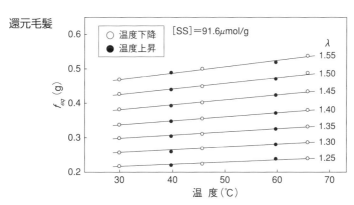

還元：P-R(TBP) + K-SS-K + H_2O → 2K-SH + O=P-R
（上下に R）

フリー SH 基の封鎖：K-SH + CH_2=CH-CN → K-SCH_2-CH_2-CN

図4.9　膨潤処理したトリ-n-ブチルフォスフィン（TBP）還元毛髪の種々の伸長率
　　　における平衡応力 f_{eq} と温度との関係

表4.1　8MLiBr/BC 等容混合溶液中で平衡膨潤状態にある毛髪試料の熱弾性

$\lambda_{60°}$	$f(g)$	$10^3(\partial f/\partial T)_{p,\lambda,eq}$	$(T/f)(\partial f/\partial T)_{p,\lambda,eq}$	fe/f
1.02	0.23	0.63	0.90	0.10
1.05	0.58	1.59	0.91	0.09
1.07	0.82	2.22	0.91	0.09
1.10	1.19	3.33	0.93	0.07
1.15	1.93	5.56	0.95	0.05
1.20	2.83	7.72	0.91	0.09
1.25	3.99	8.35	0.70	0.30
1.30	5.57	10.1	0.60	0.40
1.35	7.80	10.6	0.45	0.55

表4.2　8MLiBr/BC 等容混合溶液中で平衡膨潤状態にある還元毛髪試料の熱弾性

$\lambda_{60°}$	$f(g)$	$10^3(\partial f/\partial T)_{p,\lambda,eq}$	$(T/f)(\partial f/\partial T)_{p,\lambda,eq}$	fe/f
1.25	0.23	0.63	0.90	0.10
1.30	0.28	0.75	0.91	0.09
1.35	0.32	0.87	0.88	0.12
1.40	0.37	1.05	0.94	0.06
1.45	0.42	1.38	1.09	−0.09
1.50	0.47	1.53	1.09	−0.09
1.55	0.52	1.74	1.11	−0.11

よるエネルギー成分の少ないことは，均一網目の変形として扱い得ることを意味する。また，未還元毛髪でも少なくとも変形率が20％までは，伸長による分子間相互作用や結合角に大きな変化はないことを示している。f_e/f値の正しい評価は，4.4節において取り上げる伸長モデルの確立に大きく役立った。

　8 MLiBr/BC 混合系による膨潤ケラチンタンパク質の示す温度特異性や，ランダム鎖間の疎水基相互作用の制御効果の発見は，他の生体繊維，ラットの尾のコラーゲン，クジラの靭帯，血管壁を構成するエラスチンなどの熱弾性的性質の理解や，架橋密度の定量化に拡張されている[9]~[11]。

4.4　架橋モデルとパラメータの決定

4.4.1　ジスルフィド架橋の種類および網目の変形と応力の関係（基礎理論）[12]

　図4.10(a)に，システンのSS架橋を示す。システン残基のSS基を架橋点と見立てれば，架橋点を中心に分子鎖①②③④の4つの鎖が外に向かって伸びていることになる。これを4官能性といい，二つの鎖は2官能性で，三つの鎖が出ていれば3官能性という。図4.10(b)のように2本の分子の間に架橋点がある場合を分子間架橋といい，図4.10(c)のように1本の分子に一つの架橋点がある場合を分子内架橋という。多くの分子どうしが分子間で橋架けされた時の模式図を図4.10(d)に示す。このモデルを網目鎖モデルという。網目の結び目に，4官能性の架橋点（SS結合）が置かれている。

　図4.11に，理想の網目を示す。架橋点と架橋点とをつないでいる網目鎖の長さはどれをとっても等しく，三次元的にも等方性の網目（random chain）と仮定される。網目鎖をchainと呼び，架橋点のない時の分子を一次分子（primary molecule）という。一次分子の分子量を M，架橋点間の鎖（chain）

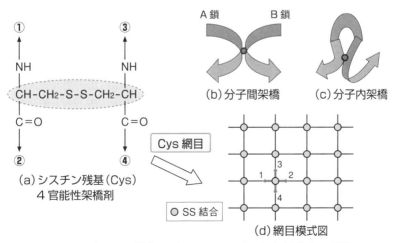

図4.10　ケラチン繊維のジスルフィド（SS）架橋結合の種類

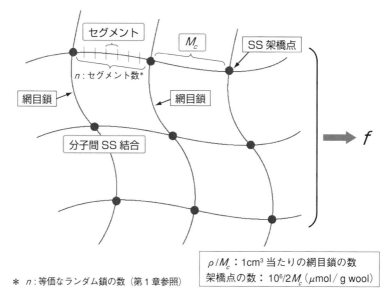

ρ/M_c：1cm³ 当たりの網目鎖の数
架橋点の数：$10^6/2M_c$（μmol / g wool）

＊ n：等価なランダム鎖の数（第1章参照）

図4.11 網目鎖の定義と伸張応力 f

の分子量を M_c，ゴム分子［ここでは，膨潤したケラチン繊維の IF 分子（4.5節参照）］は常に熱運動しているので，熱運動の単位としてセグメント（segment）の数 n が網目を考える上で必要となる（第1章参照）。乾燥ゴムの密度を ρ とすると，ρ/M_c を架橋密度という。つまり，「ゴム 1 cm³ 当たりに何モルの chain（網目鎖）が含まれているか」を示している。ゴム 1 g 当たりの網目鎖の数は，$1/M_c$ であるから，M_c の値が何らかの方法でわかれば，1 g 当たりの網目点（分子間架橋）の数は，$1/2M_c$(mol/g)と計算できる。化学分析で決定される SS 結合の数（濃度）は，通常 1 g 当たりのモル数(mol/g)で示されるので，$1/2M_c$ の値と比較される。

図4.11のように，網目に力 f を加えると，網目は変形する。架橋密度が高ければ高いほど，ある一定の変形に要する力は大きくなるに違いない。実際，ゴム輪のような架橋密度の小さいゴムでは，力と伸長率 λ（伸ばしたゴムの長さに対する元の長さの比 = L/L_0）との関係は，式4.20で示される。

$$f = (\rho RT/M_c)(\lambda - \lambda^{-2}) \cdots\cdots (式4.20)$$

ここで，f は未伸長状態にあるゴムの断面積当たりの力，R はガス定数，T は絶対温度である。

また，膨潤ゴムに対しては式4.21が成立する。

$$f = (\rho RT/M_c)\nu_2^{\frac{1}{3}}(\lambda - \lambda^{-2}) \cdots\cdots (式4.21)$$

ここで，f はゴムの膨潤断面積当たりの力，ν_2 は乾燥ゴム体積に対する膨潤ゴムの体積比（膨潤度の逆数）で1より小さい値であり，実験的に求めることができる。

ゴムの弾性率 $E=3G$ で関係する，ずり弾性率 G は式4.22で示される。

$$G = \rho RT/M_c \cdots\cdots (式4.22)$$

また，実際のゴム網目は図4.11に見られるように，ループを作らない網目鎖，つまり，力 f に関係しない末端鎖が存在するので，その補正項を付け加えるのが普通である。最終的に，膨潤繊維の断面積当たりの力（平衡応力）は式4.23で書くことができる。

$$f = G\nu_2^{\frac{1}{3}}(\lambda - \lambda^{-2})(1 - 2M_c/M) \cdots\cdots (式4.23)$$

実験的に，f と $(\lambda - \lambda^{-2})$ との関係から G，M_c あるいは架橋密度，ρ/M_c および架橋点の数 $1/2M_c$ を計算することができる。

これから考えるケラチン繊維の根幹をなすコルテックスは，IF 分子集合体とそれを取り巻く球状マトリックス（KAP）分子凝集体の2相からなる，不均一で複雑な SS 架橋系である。この複雑系の膨潤ケラチン繊維の伸長変形を扱うには，仮定された単純なモデルにもとづいて，数学的に，そして物理的に解決可能な方法を見出すことが必要である。

4.4.2　2相モデル

図4.12に，IF 分子集合体のゴム相とマトリックスドメインの配列様式を示す。並行配列モデル(a)では，球状タンパク質間の連続した SS 架橋により束縛されたタンパク質分子鎖は，伸長により分子内に大きなエネルギー変化を伴うと考えられる。すなわち，①並行鎖では伸長初期から球状マトリックスに大き

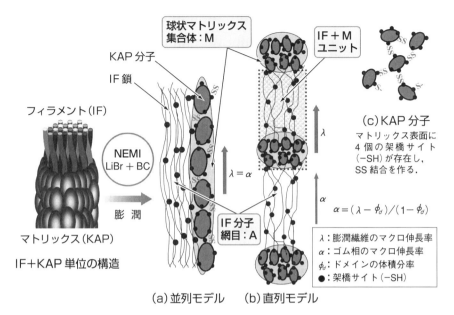

図4.12　膨潤繊維における IF 分子集合体のゴム相 A と，マトリックスドメイン（KAP 分子集合体）M の配列様式

並列モデル(a)は，KAP 分子表面の〜 4 つの架橋サイトが SS 結合して KAP 凝集構造体（M）を形成し，A と M とが並列（横方向）に交互に配置されているのに対して，直列モデル(b)は，A と M が長さ方向に交互に配列されている。並列の場合，ゴム相の伸長変形率 α は膨潤繊維のマクロ伸長率 λ と等しいが，直列の場合，$\alpha = (\lambda - \phi_d)$ $/(1 - \phi_d)$ で示される。ここで，ϕ_d は膨潤体中のドメイン（KAP 凝集体）の体積分率である（図4.14参照）。

　な変形が起こるので，マトリックス表面に存在するマトリックス間 SS 結合に歪みが生じる。また，②歪みにより発生した応力は，マトリックス間 SS 結合を介して架橋密度の高いマトリックス分子鎖に応力転移し，結合角に歪みを生じる結果，初期の伸長率範囲でもエネルギー成分が増大すると推定される。

　以上のような理由から，並列（パラレル）モデルの適用は困難であり，約20%の大変形下でも非常に低い f_e/f 値を与えるモデルとして非晶 IF 鎖とマトリックスドメインが交互に配置された直列（シリーズ）ゾーンモデル(b)がより妥当であると思われる。なぜなら，伸長によるマトリックスの変形は，架橋密

度の低い IF 膨潤網目の変形に続いて起こるからである。したがって，膨潤ケラチン繊維の伸長変形は，$A_1-M_1-A_2-M_2$……のような A－B－A 型ブロック共重合体の変形に類似すると考えられる。ここで，A は IF 成分，M は球状マトリックス成分である。また，下付きの数字は膨潤ゴム化していない元のケラチン繊維における繊維軸方向に連続する各成分の配列順序を示している（図4.13参照）。IF フィラメントの周囲を取り囲んで配列したマトリックス成分は，膨潤によってある数だけ集合した球状タンパク質凝集体として M タイプの領域を形成する。すなわち，膨潤繊維は伸長によって，容易に $A_1-M_1-A_2$ $-M_2$……タイプのブロック共重合体の分子配列を取ることができる。したがって，IF セグメント A_1 の末端（たとえば C-末端）に M_1 凝集体が結合し，さらに連続する A_2 セグメントの N-末端に M_1 が結合した結合様式を取ると考えられる。すなわち，A_1C-末端－M_1－A_2N-末端－A_2C-末端－M_2－ A_3N-末端

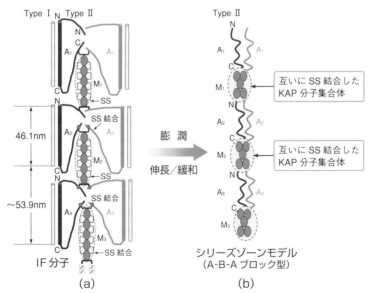

図4.13 IF 分子（A）とマトリックス凝集体（M）の直列結合様式および膨潤繊維 A-M-A ブロック型直列（シリーズゾーン）モデル

－A_3C-末端……で示されるセグメントから構成されると推定された（図4.13参照）。つまり，球状マトリックスは，連続して隣接するIF鎖の異種末端鎖と結合し，同じIF鎖のN,C両末端鎖と結合し環化することはない。環状構造の形成は，伸長によるA－B－Aブロック型高分子集合体の形成を否定することになる。

4.4.3　直列2相モデルと状態方程式

図4.14のように，直列2相モデルによるゴム相とドメイン相を定義した。連続するゴム相とドメイン相のミクロ構造単位の体積分率を考えた。ドメイン相を単位立方体の底に沈めた時の，ドメイン相の（マトリックス）の体積分率ϕ_dを式4.24で示した。

$$\phi_d = V_d/(V_d + V_{rs})\cdots\cdots\text{（式4.24）}$$

ここで，V_dおよびV_{rs}はドメインおよびゴム相の有効体積である。したがって，ゴム相の伸長率αは式4.25で示される。

$$\alpha = (\lambda-\phi_d)/(1-\phi_d)\cdots\cdots\text{（式4.25）}$$

直列モデルによって定義した式4.25を用いて，f vs. α（λ）関係を示す式4.23をケラチン膨潤体に適用することはできない。なぜなら，式4.23は，網目鎖の分子量が大きく，伸長によっても鎖の配向が起こらないような網目（ガ

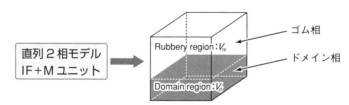

ϕ_d：ドメイン相（マトリックス）の体積分率

$\phi_d = V_d/(V_d+V_{rs})$ ……………… （式4.24）

ここで，V_dおよびV_{rs}は，ドメインおよびゴム相の有効体積

α：ゴム相の伸長率

$\alpha = (\lambda-\phi_d)/(1-\phi_d)$ …………… （式4.25）

図4.14　直列2相（シリーズゾーン）モデルによるドメイン相の定義

ウス網目）に対して誘導されたものであるから，多量の SS 結合を含むような網目，すなわち，①架橋密度（ρ/M_c）が大きい時，換言すれば，架橋点（SS結合）間分子量（M_c）が小さい網目や，②網目鎖のセグメント数（n）が小さい網目に対しては，伸長初期から鎖の配向が生じるので適用できない。このような網目をガウス網目（Gaussian network）に対して，非ガウス網目（Non-Gaussian network）という。

　非ガウス網目の変形の特徴は，図4.6のように伸長率が小さい時から急に応力が立ち上がる曲線を示すことである。非ガウス網目の平衡応力 f vs. 伸長率 α の関係は，Treloar[12]，James と Guth[13]によって示されている。

$$f = G\left(\frac{\sqrt{n}}{3}\right)\left[L^{-1}\left(\frac{\alpha}{\sqrt{n}}\right) - \alpha^{-\frac{3}{2}}L^{-1}\left(\frac{1}{\sqrt{\alpha n}}\right)\right] \cdots\cdots\cdots (式4.26)$$

ここで，f：平衡応力，n：セグメントの数，α：ゴム分子のミクロ伸長率，G：ゴムのずり弾性率，L^{-1}：逆ランジュバン関数（非ガウス鎖）である。また，G は式4.27で示された[14]。

$$G = \left(\frac{\rho RT}{M_c}\right)\left[\frac{\nu_2 - \phi_d}{1 - \phi_d}\right]^{\frac{1}{3}} \times \left(1 - \frac{2M_c}{M}\right)\gamma \cdots\cdots\cdots (式4.27)$$

ここで，M_c：架橋点間の分子量，M：一次分子量（50,000），ρ：羊毛繊維の密度（1.30 g/cm^3），ν_2：膨潤繊維中の羊毛繊維の体積分率（膨潤度の逆数），ϕ_d：ドメインの体積分率，γ：フィラー効果である。

　また，γ は式4.28で示された[15],[16]。

$$\gamma = 1 + 2.5\,\kappa\,\phi_d + 14.1\,\kappa^2\phi_d^{\,2} \cdots\cdots\cdots (式4.28)$$

ここで，κ はマトリックスの形状因子（= d/ℓ：円柱の高さ ℓ，底面の直径d）である。

4.4.4　直列モデルによる構造パラメータの決定

　実験データ f, λ, ν_2 の式4.26へのフィッティングは，パラメータ ϕ_d, M_c, κ, n に相応する値を，最初に適当に選択して入力することにより，コンピュータを利用して求めることができる。しかし，単純な曲線へのフィッティングで4

つのパラメータを同時に求めることはできないので，M_c/n（＝1,250）値が実験的に決定され，三つのパラメータに還元された。実験的には，毛髪繊維をトリ-n-ブチルホスフィンで還元処理して，マトリックス内の架橋結合を完全に切断した試料（$\phi_d=0$，$\gamma=1$）を膨潤させ，その応力伸長曲線を式4.26にフィットさせて求めた[14]。ここでは，プログラムにより一つのパラメータを固定した条件下で，三つのパラメータに対して最小二乗法を用いて，繰り返し精密化が行なわれた。

　図4.15に，種々のケラチン繊維試料のfとλの関係を示した。実線は，実験プロットに理論式である式4.26をフィットさせた曲線である。用いられたケラチン試料の SS 基含量は，おおよそ，初期弾性率の大きさに比例している。また，マトリックスの形状因子は，いずれの試料に対しても，ほぼ同等な値（κ =1.7±0.1）が得られた。

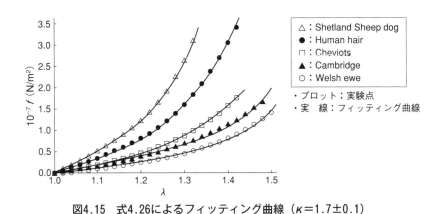

図4.15　式4.26によるフィッティング曲線（κ＝1.7±0.1）

4.4.5　ケラチン繊維の SS 含量と IF の架橋密度

　図4.16に，乾燥試料中における IF タンパク質 $1\,\mathrm{cm}^3$ 当たりの網目鎖の数として定義された架橋密度 ρ/M_c と化学分析（ポーラログラフ法）から得られたSS 基量[SS]との関係を示す。試料の SS 基含量に依存せず，IF タンパク質中

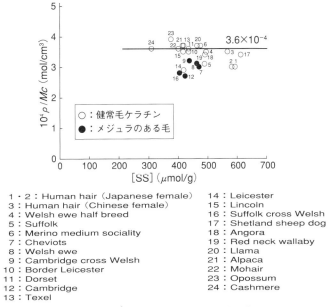

1・2 : Human hair（Japanese female）
3 : Human hair（Chinese female）
4 : Welsh ewe half breed
5 : Suffolk
6 : Merino medium sociality
7 : Cheviots
8 : Welsh ewe
9 : Cambridge cross Welsh
10 : Border Leicester
11 : Dorset
12 : Cambridge
13 : Texel

14 : Leicester
15 : Lincoln
16 : Suffolk cross Welsh
17 : Shetland sheep dog
18 : Angora
19 : Red neck wallaby
20 : Llama
21 : Alpaca
22 : Mohair
23 : Opossum
24 : Cashmere

図4.16 ρ/M_c（1 cm³ 当たりの鎖の数）と[SS]含量との関係

の分子間架橋数は，メジュラのある獣毛を除けば，ほぼ同程度の値（$3.6 \times 10^{-4}\,\mathrm{mol/cm^3}$）が得られた。$M_c$ 値は約3,600でアミノ酸31残基当たり 1 mol の分子間架橋が存在することになる。IF タンパク質単位重量当たりでは，138 μmol/g（$= 10^6/2M_c$）と計算される。これは IF タンパク質の全架橋数200 μmol/g［参考文献17)参照］の約69％に相当する。

4.4.6 SS 含量と KAP の体積分率

図4.17に，膨潤繊維中のドメインとして作用する KAP タンパク質の体積分率 ϕ_d と[SS]の関係を示す。メジュラ細胞が存在する繊維は，直線プロットからずれる傾向にあるが，[SS]軸に直線を外挿した交点の値（148 μmol/g）は，KAP タンパク質を含まない IF タンパク質のみからなる仮想的なケラチン IF の分子間架橋数であるといえる。そして，ρ/M_c vs. [SS]プロット（図4.16）から得られた値とほぼ等しい。いずれにしても，IF の分子間架橋数は全架橋

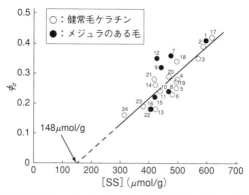

図4.17　膨潤繊維中のドメイン（KAP）の体積分率と[SS]含量との関係

数の〜70％程度である。したがって，分子内架橋は約30％程度と予測される
が，ヘリックス領域内には存在しないと仮定すれば，多くはノンヘリカル領域
の N,C 末端鎖にあると考えられている。ケラチン繊維の SS 基含量は種に
よっても，また同じ種でも生成する場所によっても大きく異なるといわれてい
るが，IF 成分の SS 基含量と架橋結合の種類およびその数は，ほぼ一定である
ことがわかった。これは，高等な哺乳動物のケラチン IF タンパク質の保存性
が維持されていることによると考えられる。

　図4.18に，乾燥ケラチン繊維中のドメイン（KAP）の体積分率 ϕ'_d（$= \phi'_d/\nu_2$）
と[SS]の関係を示す。また，種々のケラチン繊維から分別した高イオウタン
パク質（KAP）の重量分率 ϕ と[SS]との関係も併せて示す[17]。ϕ_d プロットの
直線性と比較して，ϕ'_d プロットのそれは，ばらつきが大きいが，これは①膨
潤繊維を水洗乾燥する過程で起こる体積変化が試料の結晶化度に影響されるこ
と，および②等方膨潤体として ν_2 は扱われるべきであるが，実際は膨潤時と
乾燥時の長さと直径変化の比は大きく異なることがプロットの散乱の原因と
なっている。また，ϕ'_d プロットの傾斜が重量分率 ϕ プロットの傾斜より大き
いことは，ドメイン体積の増加割合が重量の増加割合より大きいことを意味し
ている。これは，多量の SS 結合を持つ KAP 分子の密度が，タンパク質自身

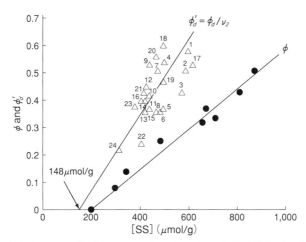

図4.18　乾燥ケラチン繊維中のドメイン（KAP）の体積分率と［SS］の関係

ϕ：高イオウタンパク質（HS）＋低イオウタンパク質（LS）に対する HS の重量分率[17]，
$\phi'_d (= \phi_d / \nu_2)$：乾燥ケラチン繊維に対する KAP の体積分率

の占有体積より小さいことによっていると思われる。Fraser らは，X 線回折データにもとづいて，羊毛（リンカーン種）と毛髪マトリックスの体積分率を，それぞれ28％および56％と計算した[18]。相当する ϕ'_d 値は36％および56％で，両者の値はかなりよく一致しており，モデルの妥当性が示唆される。

4.5　おわりに

①ケラチン繊維を，濃厚な臭化リチウム溶液と有機溶媒混合系を用いて膨潤ゴム化し，全伸長応力に占めるエネルギー成分の比 f_e/f 値は，20％伸長状態で10％未満であるが，25％伸長を超えると急激に増加することが見出された。
②球状タンパク質の SS 結合を完全に還元し，球状粒子としての形態を除去した繊維の f_e/f 値は，50％高伸長状態でも10％未満であることから，未還元繊維のエネルギー成分は高度に架橋したマトリックス分子内の結合角の変化から生じると推定された。

③IF分子とマトリックス凝集体は直列（シリーズ）に配置され，伸長により弾性率の小さいIF鎖からなる網目が伸長された後，球状タンパク質凝集体の変形が起こることが明らかにされた。

④直列モデルを用いて，平衡応力と伸長率を表わす状態方程式を導き，種々のケラチン繊維のIF分子鎖からなる網目のSS架橋密度は3.6×10^{-4} mol/cm^{3}で，哺乳動物の種に依存せず一定値を示した。

⑤マトリックス凝集体の繊維体積中に占める割合は，繊維の全SS結合量にほぼ比例して増加することが見出された。

—— 参 考 文 献 ——

1) P. Alexander, R. P. Hudson ; Wool, Its Chemistry and Physics, p. 59, Reinhold Publishing Corp., New York（1954）

2) A. R. Haly, J. Griffith ; *Textile Res. J.*, **28**, 32（1957）

3) A. R. Haly, M. Feughelman ; *Textile Res. J., ***27**, 919（1957）
   A. R. Haly, M. Feughelman ; *Textile Res. J., ***30**, 365（1960）

4) W. G. Crewther ; *J. Polym. Sci.* A-1, **2**, 149（1961）

5) K. Arai, T. Hanyu ; Proc. 6th Int. Wool Text. Res. Conf., Pretoria, vol. 2, pp. 285-294（1980）

6) K. Arai, N. Sasaki, S. Naito and T. Takahashi ; *J. Appl. Polym. Sci.*, **38**, 1159（1989）

7) G. Allen, U. Bianchi and C. Price ; *Trans. Faraday Soc.*, **59**, 2493（1963）

8) S. Naito, K. Arai ; *J. Appl. Poly. Sci.*, **61**, 2113（1996）

9) I. Honda, K. Arai ; *J. Appl. Polym. Sci.*, **62**, 1577（1996）

10) I. Honda, K. Arai and H. Mitomo ; *J. Appl. Polym. Sci.*, **64**, 1879（1997）

11) 新井幸三；"繊維状タンパク質の橋かけ構造(総説)"，日本バイオレオロジー学会誌，**9**，111-122（1995）

12) L. R. G. Treloar ; Physics of Rubber Elasticity, 3rd Ed., Oxford University Press,（1975）

13) H. M. James, E. Guth ; *J. Chem. Phys.*, **11**, 455（1943）
    H. M. James, E. Guth ; *J. Chem. Phys.*, **15**, 669（1947）

14) K. Arai, G. Ma and T. Hirata ; *J. Appl. Polym. Sci.*, **42**, 1125（1991）

15) E. Guth ; *J. Appl. Phys.*, **16**, 20（1945）

16) W. J. Leonard Jr. ; *J. Polym. Sci. Symp.*, **54**, 273（1976）

17) J. M. Gillespie ; *J. Polym. Sci.*, Part C, **20**, 201（1967）

18) R. D. B. Fraser, T. P. MacRae ; Conformation in Fibrous Proteins, p. 513, Academic Press, New York（1977）

第5章

ジスルフィド架橋の構造

5.1　はじめに

　ケラチン繊維の力学的性質に深く係わる SS 架橋網目のキャラクタリゼーションは，①ケラチン繊維を膨潤処理して非晶性ケラチン繊維へ変換し，続いて膨潤非晶化した繊維の強伸度曲線を測定すること，そして②架橋密度の高いゴムに対して誘導された理論曲線を測定プロットにフィッティングさせることによって得られる種々の構造パラメータを解析することの 2 段階により行われた。問題は，SS 結合の分布がランダムではなく，ミクロ構造内に局在化していることである。ゴム弾性論を適用するに当たって導入された仮定は，微細構造の観点からも，また簡単なモデルから誘導された状態方程式に対しても，厳密には受け入れられないかもしれない。これらの仮定を克服し，真の構造を探るために，あらかじめ SS 結合を安定な架橋結合に変換し，あるいは還元して架橋密度を減少させた試料に対して化学的および物理的試験を行い，得られた個々の構造パラメータに対して実験的な検証を試みた。ここで，SS 結合の安定化には，沸水による処理過程で定量的に新架橋へ変換される自己架橋化反応を利用し，ケラチンコルテックスを構成するミクロフィブリル（IF）およびマトリックス（KAP），すべての SS 結合の反応性，架橋数，架橋の種類およ

び位置を決めることにより架橋構造の特性化が行われ，構造モデルが提示された。

5.2　ケラチン繊維の SS 架橋の特性化

羊毛や毛髪繊維の根幹をなすコルテックス組織を構成しているケラチンタンパク質には，大きく分けてシスチン（Cys）含量の低いミクロフィブリルタンパク質と，高いマトリックスタンパク質の2種類がある。前者を IF タンパク質，後者をケラチン結合タンパク質，KAP とも呼んでいる。羊毛および毛髪の IF タンパク質の Cys 含量（1/2 Cysとして）は，およそ6.8および7.6 mol%，また KAP は，それぞれ17.9および27.2 mol%である[1),2)]。分子間架橋数の決定は，膨潤ケラチン繊維の強伸度曲線にゴム網目弾性論を応用して行った。

膨潤繊維の調製と強伸度測定方法を，図5.1に示す。定法により精製した羊毛や毛髪繊維を，0.01 M N-エチルマレイミド，NEMI（SH 基の封鎖剤）を含

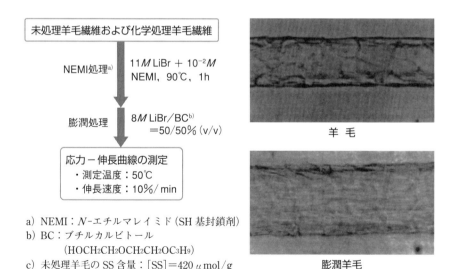

未処理羊毛繊維および化学処理羊毛繊維

NEMI処理[a)]　11M LiBr + 10^{-2}M NEMI，90℃，1h

膨潤処理　8M LiBr/BC[b)] =50/50%（v/v）

応力-伸長曲線の測定
・測定温度：50℃
・伸長速度：10%/ min

a）NEMI：N-エチルマレイミド（SH 基封鎖剤）
b）BC：ブチルカルビトール
　　（HOCH$_2$CH$_2$OCH$_2$CH$_2$OC$_3$H$_9$）
c）未処理羊毛の SS 含量：[SS]＝420 μmol/g

羊　毛

膨潤羊毛

図5.1　膨潤ケラチン繊維の調製と力学測定装置(1)

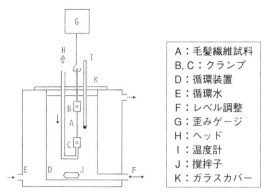

A：毛髪繊維試料
B,C：クランプ
D：循環装置
E：循環水
F：レベル調整
G：歪みゲージ
H：ヘッド
I：温度計
J：撹拌子
K：ガラスカバー

図5.1　膨潤ケラチン繊維の調製と力学測定装置(2)

む11M臭化リチウム水溶液中，90℃，1h膨潤処理後，続いて8M臭化リチウ
ムとブチルカルビトール（BC）の等容混合溶液中，SH/SS交換反応が抑制さ
れる条件下で50℃，伸長速度10%/minで応力f vs. 伸長率λ関係を測定した[3]。
水素結合，イオン結合および疎水結合（疎水相互作用）をすべて切断してSS
結合だけを残した膨潤繊維は，ゴムに類似の強伸度曲線を示した。また，伸長
−回復曲線のヒステレシスに見られるエネルギー損失はほとんどなく，エント
ロピー弾性を示した。なお，ここで用いられた羊毛および毛髪のSS含量は，
それぞれ，420および627 μmol/gであった。

5.3　膨潤ケラチン繊維への網目弾性論の応用

　一般的な高分子ゴムの架橋構造解析では，ガウス鎖からなるゴムの平衡応力
fと，伸長率λあるいは（$\lambda - \lambda^{-2}$）との関係から，ずり弾性率Gを式5.1から
求め，架橋点間分子量M_c，あるいは架橋密度ρ/M_c（mol/cm^3）を見積もる方
法が用いられる。架橋密度の低いゴムの強伸度関係では，図5.2で示されるよ
うなガウス鎖理論が適用できるf−λ曲線が観察される。

$$f = G(\lambda - \lambda^{-2})\cdots\cdots（式5.1）$$

$$f = G(\lambda - \lambda^{-2}) \cdots\cdots\cdots\cdots\cdots\cdots\cdots\cdots\cdots\cdots\cdots\cdots (\text{式}5.1)$$

（Gaussian：架橋密度の小さい場合に適用可能）

f：膨潤羊毛の断面積当たりの平衡応力（$T = 323K = 50℃$）

λ：伸長率（$= L/L_0$）：$L_0 \cdots$初期長，$L \cdots$伸長した長さ

G：ずり弾性率

$\quad G = (\rho RT/M_c)\,\nu_2^{\frac{1}{3}}(1 - 2M_c/M)$

$\quad \rho$：羊毛の密度（$=1.30\text{g/cm}^3$）

$\quad M_c$：架橋点間の分子量，$1/2M_c$：1g当たりの架橋点の数

$\quad \nu_2$：膨潤体中の羊毛の体積分率（$= V_w/V_s$）

$\quad M$：IF鎖の一次分子量（$=50{,}000$）

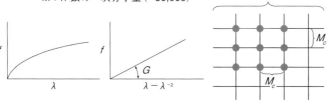

図5.2　ゴム弾性論（Gaussian）による架橋密度の定量

ここで，$G = \rho RT/M_c$，ρは試料の密度，Rはガス定数，Tは絶対温度である。これに対して，セグメント長が大きく（10.9残基），架橋密度の高いケラチンタンパク質の分子鎖に対しては，非ガウス鎖の伸長モデルを適用する必要がある[4]。

5.3.1　直列2相モデルの適用

解析には2相モデルが用いられた[3]。一つは，架橋網目鎖からなるゴム状の連続相（IF）と，もう一つは密に架橋したミクロドメイン相（KAP）の2相を仮定した。ここで後者は，ゴム相を強化するフィラー（充填剤）の役割を果たすとした。

仮定の導入に先立って，膨潤によるケラチン構造のランダム化とSS架橋の安定性について，実験的検証を行った。図5.3は，ケラチンの構造単位であるミクロフィブリル＋マトリックスの膨潤と，水による脱膨潤構造の可逆的変化を模式的に示したものである。上図は，毛髪の膨潤によりIFフィラメントがランダム網目を形成し，網目鎖間にKAP粒子がランダムに分散している状態

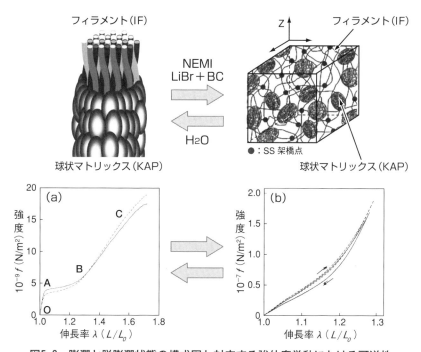

図5.3　膨潤と脱膨潤状態の模式図と対応する強伸度挙動における可逆性

を示した。下図は，実験的に得られた上の構造に対応する実測強伸度曲線を示
した。

　図5.3下図の(a)中の実線は，毛髪繊維の水中強伸度曲線であるが，伸長過程
に弾性率の異なる三つの領域があるのに対して，(b)は膨潤繊維の強伸度曲線
で，応力変化は連続的であり，ゴムの伸長挙動に類似している。膨潤繊維を水
に浸漬して膨潤剤を除去した脱膨潤繊維の曲線を，(a)内に点線で示した。曲線
$O \rightarrow A \rightarrow B \rightarrow C$ は，実線にほぼ重なっている。この可逆変化から，SH/SS 交
換反応がほぼ完全に抑制される時，ランダム構造から元のコルテックス構造へ
の完全な回復が示唆される。

　図5.4に，直列 2 相（シリーズゾーン）からなる膨潤体の伸長モデルを仮定
した（第 4 章参照）。膨潤体図(a)のドメイン相（マトリックス）の体積分率 ϕ_d

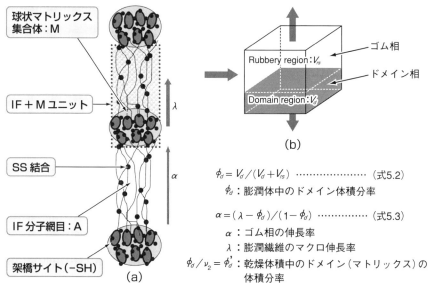

図5.4　膨潤ケラチン繊維の直列 2 相モデル

⒜膨潤体 IF フィラメントからなるランダムな網目ゴム分子と，KAP の球状タンパク質凝
　集体の直列（シリーズゾーン）配列。点線の長方形は IF ＋ M ユニット。
⒝ドメインの体積分率を計算するためのゴム相およびドメイン相の有効体積。

を式5.2で定義した。

$$\phi_d = V_d / (V_d + V_{rs}) \cdots\cdots (式5.2)$$

ここで，V_d および V_{rs} はドメインおよびゴム相の有効体積である。また，
ゴム相の伸長率 α と膨潤繊維の伸長率 λ との関係を式5.3で示した。

$$\alpha = (\lambda - \phi_d) / (1 - \phi_d) \cdots\cdots (式5.3)$$

このように，不均一構造を持つ網目から生じる平衡応力 f とゴム相の伸長率
α との関係を式5.4で示した[5]。

$$f = G\left(\frac{\sqrt{n}}{3}\right)\left[L^{-1}\left(\frac{\alpha}{\sqrt{n}}\right) - \alpha^{-\frac{3}{2}}L^{-1}\left(\frac{1}{\sqrt{\alpha n}}\right)\right] \cdots\cdots (式5.4)$$

ここで，$L^{-1}(x)$ は逆ランジュバン関数で，n は網目鎖のセグメントの数であ
る。IF タンパク質のセグメント当たりの分子量 M_c/n は実験的に求め，1,250

$$f = G\left(\frac{\sqrt{n}}{3}\right)\left[L^{-1}\left(\frac{\alpha}{\sqrt{n}}\right) - \alpha^{-\frac{3}{2}} L^{-1}\left(\frac{1}{\sqrt{\alpha n}}\right)\right] \quad \cdots\cdots\cdots\cdots \text{（式5.4）}$$

$$G = \left(\frac{\rho RT}{M_c}\right)\left[\frac{\nu_2 - \phi_d}{1 - \phi_d}\right]^{\frac{1}{3}} \times \left(1 - \frac{2M_c}{M}\right)\gamma \quad \cdots\cdots\cdots \text{（式5.5）}$$

$$\gamma = 1 + 2.5\,\kappa\phi_d + 14.1\,\kappa^2\phi_d{}^2 \quad \cdots\cdots\cdots\cdots\cdots\cdots \text{（式5.6）}$$

n：セグメント（網目鎖当たり自由回転する単位）の数（アミノ酸残基数＝10.9）
$L^{-1}(x)$：逆ランジュバン関数
γ：フィラー効果（強化因子）
κ：形状因子＝$\ell/d \leq 2$

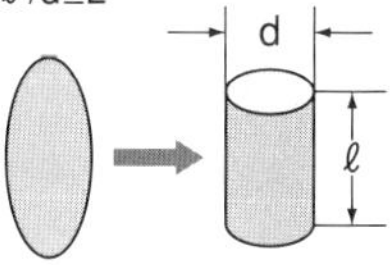

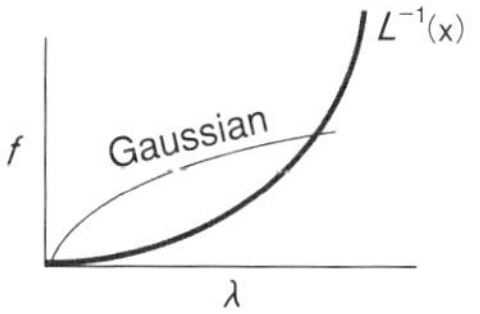

高架橋密度のゴムの $f - \lambda$ 関係

図5.5 直列2相モデルから誘導された平衡応力 f と，ゴム相の伸長率 α との関係

が得られている。また，IF鎖の一次分子量 $M = 50{,}000$ が用いられた。ずり弾性率 G および強化因子 γ を，それぞれ式5.5および式5.6で示した[4]。なお，γ は Einstein の粘度式を高濃度懸濁液に拡張した Guth の経験式を適用した。ここで，充填粒子（マトリックスドメイン）は球状に近い形状を持つと仮定し，$\kappa \geq 1$，a＝2.5，b＝14.1を用いた[6]。

$$G = \left(\frac{\rho RT}{M_c}\right)\left[\frac{\nu_2 - \phi_d}{1 - \phi_d}\right]^{\frac{1}{3}} \times \left(1 - \frac{2M_c}{M}\right)\gamma \cdots\cdots \text{（式5.5）}$$

$$\gamma = 1 + 2.5\,\kappa\phi_d + 14.1\,\kappa^2\phi_d{}^2 \cdots\cdots \text{（式5.6）}$$

図5.5に，高架橋密度のゴムの $f - \lambda$ 関係を示す。ガウス鎖理論の適用できる低架橋密度の曲線（f 値は拡大してあるので，曲線の形のみ参照のこと）とは対照的に，伸長初期から急速に応力が増加する。低伸長領域から分子鎖の配向が起こることを考慮して誘導された式5.4の逆ランジュバン関数，$L^{-1}(x)$ にしたがっている。

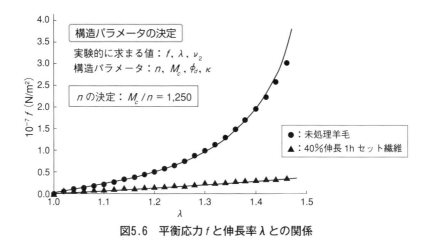

図5.6　平衡応力 f と伸長率 λ との関係

5.3.2　構造パラメータの決定

　実験データ f, λ, ν_2 の式5.4へのフィッティングは，パラメータ ϕ_d, M_c, κ に相応する値を，最初は適当に選択し，コンピュータを利用して求めることができる。ここでは，プログラムによって一つのパラメータを固定した条件下で，三つのパラメータに対して最小二乗法を用いて繰り返し精密化が行われた。図5.6に種々の試験試料の典型例として，未処理リンカーン羊毛および40%伸長，1hセット繊維の f と λ の関係を示した。実線は，実験プロットに理論式である式5.4をフィットさせた曲線である。$M_c/n(=1,250)$ の決定は，毛髪繊維をトリ-n-ブチルホスフィンで還元処理してマトリックス内の架橋結合を完全に切断した試料（$\phi_d=0$, $\gamma=1$）を膨潤させ，その応力伸長曲線を式5.4にフィットさせて求めた[4]。また，G 値はフィッティングにより得られた ϕ_d, M_c, κ 値と式5.5から計算した。

5.4　沸水処理繊維への応用

5.4.1　沸水処理（セット処理）試料の調製と処理による自己架橋化反応

　図5.7(a)に，沸水によるセット処理の方法を示す。長さ L_0 の羊毛繊維を40％伸長し，伸長状態で t 時間沸水処理（セット）を行った後，繊維を弛めた状態で1 h沸水処理を継続した。この処理繊維を，空気中，乾燥状態で長さ（L）を測定した。ここで，セット率 S（％）$= 100(L-L_0)/L_0$ と定義した。セット率（％）とセット時間 t との関係を図5.7(b)に示す。セット時間 $t = 1/4$ h では過収縮するが，5 h では約30％永久セットされる。

　図5.8に示すように，沸水処理でSS結合は式(A)にしたがって，デヒドロアラニン（DHAL）を生成し，続いて式(B)および式(C)のように，それぞれリジノアラニン（LAL）およびランチオニン（LAN）を生成する[7]。処理により失われたSS結合の濃度を $[SS]_{lost}$（$= [LAN] + [LAL]) = [X]$ とする。ここで，$[LAN]$ および $[LAL]$ は，沸水処理によって生成したLANおよびLALの濃度である。

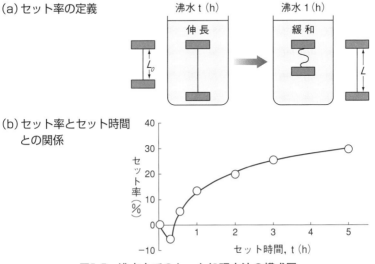

（a）セット率の定義

沸水 t (h)　　　沸水 1 (h)

伸長　　　　緩和

（b）セット率とセット時間との関係

セット率（％）

セット時間, t (h)

図5.7　沸水中でのセット処理方法の模式図

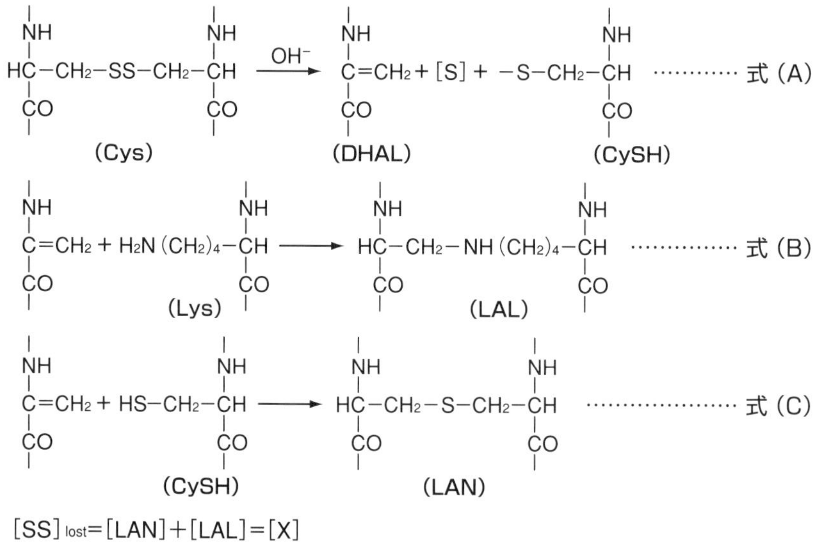

式 (A)
$$\text{(Cys)} \xrightarrow{\text{OH}^-} \text{(DHAL)} + [S] + \text{(CySH)}$$

式 (B)
$$\text{(DHAL)} + \text{(Lys)} \longrightarrow \text{(LAL)}$$

式 (C)
$$\text{(DHAL)} + \text{(CySH)} \longrightarrow \text{(LAN)}$$

$$[\text{SS}]_{\text{lost}} = [\text{LAN}] + [\text{LAL}] = [\text{X}]$$

図5.8　沸水中での SS 結合の反応

X は生成したランチオニン（LAN）とリジノアラニン（LAL）架橋
$[\text{SS}]_{\text{lost}}$：失われた SS 架橋の数，$[\text{X}]$：新しく生成した架橋の数

5.4.2　未伸長および40%伸長セット繊維の架橋構造

表5.1および表5.2に，未伸長セット試料（コントロール）および40%伸長セット試料の f vs.λ プロットに式5.4をフィッティングさせて得られた構造パラメータ，G，M_c，κ，ϕ_d を示した。ここで，膨潤体の体積に占める乾燥ケラチン物質の体積分率（ν_2），および乾燥ケラチンの密度（ρ）は，直接実験で得られた値である。また，乾燥状態におけるコルテックス内での KAP 分子の占める体積分率 ϕ'_d を式5.7で書き，未処理試料に対しては ϕ'_{d0} で示した（図5.4参照）。

$$\phi'_d = \phi_d / \nu_2 \cdots\cdots\cdots \text{（式5.7）}$$

図5.9に，ϕ'_d とセット時間との関係を示した。未処理繊維の ϕ'_d（$= \phi'_{d0}$）は，0.379と大きな値を示す。未伸長および伸長セット試料の値も減少し，セット時間には依存せず，ほぼ一定（＝0.281）であるが，これは処理により球状マ

表5.1 未伸長セット処理羊毛繊維の構造パラメータ

セット時間 (h)	$10^{-6}\,G$ (N/m²)	ν_2	$10^4\,\rho/M_c$ [a) (mol/cm³)	M_c [b) (g/mol)	κ	ϕ_d	ϕ'_d	$10^6/2M_{c,\mathrm{IF}}$ [c) (μmol/g)
未処理羊毛	2.43	0.580	3.51	3,700	1.70	0.220	0.379 (ϕ'_{d0})	135
0	1.33	0.648	2.98	4,360	1.20	0.203	0.313	115
1/2	1.19	0.632	2.99	4,350	1.30	0.164	0.260	115
1	1.08	0.630	2.84	4,570	1.20	0.171	0.271	109
2	0.96	0.560	3.00	4,330	1.10	0.156	0.270	116
3	1.07	0.671	2.91	4,470	1.10	0.172	0.256	112
4	1.00	0.650	2.72	4,780	1.10	0.178	0.274	105
5	1.10	0.658	2.80	4,640	1.10	0.192	0.292	109 (ave. 112)
未処理毛髪 [d)	4.14	0.599	3.61	3,600	1.65	0.339	0.566	132

a）IFタンパク質の架橋，SS＋Xの架橋密度
b）IFタンパク質の架橋間数平均分子量
c）IFタンパク質1g当たりのSS＋X架橋の数
d）[SS]＝627および[SH]＝34 μmol/g

表5.2 40%伸長セット処理羊毛繊維の構造パラメータ

セット時間 (h)	$10^{-6}\,G$ (N/m²)	ν_2	$10^4\,\rho/M_c$ [a) (mol/cm³)	M_c [b) (g/mol)	κ	ϕ_d	ϕ'_d	$10^6/2M_{c,\mathrm{IF}}$ [c) (μmol/g)
未処理	2.43	0.580	3.51	3,700	1.70	0.220	0.379 (ϕ'_{d0})	135
1/4	1.01	0.646	2.16	6,010	1.50	0.185	0.286	83
1/2	1.04	0.651	2.13	6,090	1.50	0.192	0.295	82
1	1.14	0.701	2.30	5,640	1.50	0.185	0.264	89
2	1.09	0.671	2.12	6,140	1.60	0.187	0.279	82
3	0.90	0.630	2.10	6,190	1.50	0.173	0.275	82
4	0.75	0.595	1.95	6,660	1.50	0.161	0.271	75
5	1.04	0.640	2.01	6,470	1.50	0.209	0.327	78 (ave. 82)

a）IFタンパク質の架橋，SS＋Xの架橋密度
b）IFタンパク質の架橋間数平均分子量
c）IFタンパク質1g当たりのSS＋X架橋の数

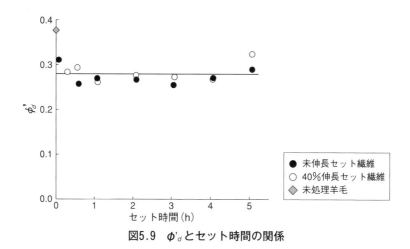

図5.9　φ'$_d$とセット時間の関係

トリックス（KAP）間あるいは，IF－KAP 間の SS 結合が切断され，凝集状態の破壊が起こることに起因すると思われる。球状粒子のパラメータである形状因子κ（表5.1・表5.2）は，未伸長および伸長セット試料で，いずれもセット時間に依存せずほぼ一定であるが，κ値の大きさからいえば前者は球状に近く，後者はむしろ楕円体である。未処理の値との比較から，前者では KAP の崩壊が進んでいるのに対して，後者では KAP 間 SS 結合の破壊が阻止されている。これは，β鎖の伸長によって KAP 粒子が圧縮，粒子間への水の浸入が抑制されるためと推定されている。

　表5.1の最後の欄には，IF 分子の分子間架橋数（$10^6/2\,M_{c,\mathrm{IF}}$）が μmol/g 単位で示される。$M_c$値から計算された未処理羊毛の分子間 SS 架橋数は，135 μmol/g である。一方，毛髪でも同様の値（132 μmol/g）が得られている（表5.1最終行参照）。この事実から，両ケラチン繊維の SS 含量や φ'$_{d0}$値が大きく違っているのにもかかわらず，IF 構造の類似性が示唆される。これは，これまでの多くの研究者の指摘と一致する。未伸長および40%伸長セット繊維の IF 成分タンパク質の分子間架橋数は，SS と X（＝ LAN＋LAL）架橋数の合計であるから，図5.10に示すように，[SS＋X]$_{\mathrm{inter}}$ はセット時間に依存せず，

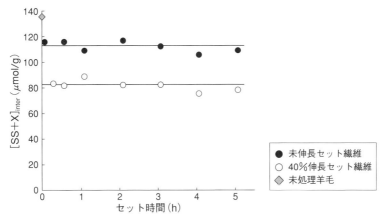

図5.10　IF タンパク質中の分子間架橋数[SS ＋ X]$_{inter}$ とセット時間との関係

一定値を示し，前者で82 μmol/g，後者では112 μmol/g である。これは，伸長により分子間結合の減少があることを意味している。

5.4.3　還元繊維の調製と新しく導入された架橋結合の特性化

　IF 分子間に生成した分子間架橋数は，図5.11の方法にしたがって，セット処理試料内に残存する SS 結合を TBP により完全に還元後，NEMI により SH 基を封鎖した還元繊維を調製し，膨潤状態で強伸度曲線を測定し，フィッティ

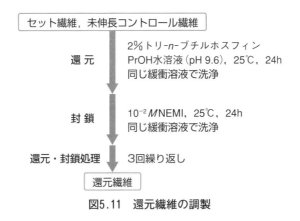

図5.11　還元繊維の調製

表5.3　完全還元後 NEMI 封鎖処理したセット羊毛繊維の構造パラメータ

セット条件	セット時間 (h)	$10^{-4}\,G$ (N/m^2)	ν_2	$10^5 \rho/M_c$[a] (mol/cm^3)	M_c[b] (g/mol)	κ	ϕ_d	$10^6/2M_{c\,\mathrm{IF}}$[c] (μmol/g)
未伸長	0	1.30	0.097	6.25	20,800	1.0	0.00	39
	1/2	2.32	0.128	6.92	18,800	1.0	0.00	43
	2	5.13	0.167	8.67	15,000	1.0	0.00	54
	3	7.22	0.176	10.0	13,000	1.0	0.00	62
	5	12.86	0.282	12.5	10,400	1.0	0.00	77
40%伸長	1/2	2.51	0.05	7.65	16,800	1.0	0.00	48
	2	8.82	0.208	10.7	12,100	1.0	0.00	67
	3	10.87	0.265	11.5	11,300	1.0	0.00	71
	5	14.59	0.392	12.6	10,300	1.0	0.00	78

a）IF タンパク質の架橋，X の架橋密度
b）IF タンパクの質の架橋間数平均分子量
c）IF タンパク質 1 g 当たりの X 架橋数

ング操作を行うことにより構造パラメータを求めた。

表5.3に，還元セット繊維の構造パラメータを示した。未伸長および40％伸長セット繊維の G 値は，いずれもセット時間が増加すれば同様に増加するので，新しく生成した分子間 X 架橋数も増加することがわかる。得られた M_c 値から式5.8を用いて IF 分子の架橋点間分子量，$M_{c\,\mathrm{IF}}$ および分子間架橋数 $10^6/2M_{c\,\mathrm{IF}}$ を計算した。

$$M_{c\,\mathrm{IF}} = (1 - \phi'_{d0})\,M_c \cdots\cdots （式5.8）$$

ここで，ϕ'_{d0}（$=0.379$）は未処理羊毛のドメイン（KAP）の体積分率で，M_c は還元系で得られた網目鎖の数平均分子量である。表5.3の最後の欄に，分子間に生成された X 架橋の数である $[\mathrm{X}]_{\mathrm{inter}}$ を示す。いずれの還元試料の構造パラメータについても，$\kappa=1.0$ および $\phi_d=0$ が得られ，系内に球状粒子は存在しないことが示された。

図5.12は，セット時間と IF の分子間架橋数との関係である。$[\mathrm{X}]_{\mathrm{inter}}$ とセット時間の関係も示した。また，図5.10で示した $[\mathrm{SS}+\mathrm{X}]_{\mathrm{inter}}$ のプロットも併せ

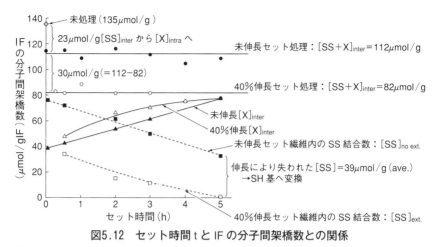

図5.12 セット時間 t と IF の分子間架橋数との関係

(◇) 未処理羊毛の IF タンパク質中の全分子間結合数[SS]$_{inter}$ = 135 μmol/g
(●) 未伸長セット繊維の全分子間架橋数[SS + X]$_{inter}$ = 112 μmol/g（平均値）
(○) 伸長セット繊維の全分子間架橋数[SS + X]$_{inter}$ = 82 μmol/g（平均値）
(▲) 未伸長繊維および(△)伸長繊維 IF 中に生成した分子間 X 結合数[X]$_{inter}$とセット
　　時間との関係から X 架橋の生成速度は，両者ともほぼ同じで，伸長状態には依
　　存しないことがわかる。
(■) 未伸長および(□)伸長セット繊維中の SS 結合数[SS]$_{no\ ext.}$ および[SS]$_{ext.}$ は，そ
　　れぞれ相当する[SS + X]$_{inter}$と[X]$_{inter}$との差として求められる。
　　さらに，([SS]$_{no\ ext.}$) − ([SS]$_{ext}$) の値は，伸長によって失われた[SS]$_{inter}$である。
　　これらの値はセット時間にあまり関係せず，約39 μmol/g を与える。これは伸長
　　によって生成されたフリー SH 基の数（表5.4）に近い。

て示した。未伸長および伸長セットのいずれもほぼ同程度の架橋生成速度を示
し，5 h セットではほぼ等量の[X]$_{inter}$ 架橋（77〜78 μmol/g）が生成される。
したがって，伸長過程で鎖の形態変化を受ける α 鎖以外の場所で架橋が生成
すると推定される。分子間[SS]$_{inter}$ は，[SS + X]$_{inter}$ と[X]$_{inter}$ の差に等しいの
で，図中では点線で示した。伸長5 h セットで IF タンパク質中のすべての SS
基が失われることがわかる。両セット繊維中の[SS]$_{inter}$ の差は，明らかに繊維
の伸長によって失われた SS 結合量に相当し，その量は39 μmol/g である。換
言すれば，39 μmol/g の SS 架橋は，繊維の伸長によってコンフォメーション
変化を伴う α 鎖領域に位置していると考えられている。それは，鎖が伸長状

態にある時にのみ反応性を示すからである。失われた SS 結合は，分子内 X 結合あるいはフリーの SH 基に変換されるに違いない。この議論は次節で引き続き行う。

図5.12に示したように，未処理羊毛の分子間 SS 結合のうち23 μmol/g は，未伸長状態では 1 h 以内の沸水処理によって失われ，分子内 X 架橋に変換されたと推定された。

表5.4に，セット繊維の SH 基含量をポーラログラフ法によって定量した結果を示した。伸長セットされた種々のセット時間で，SH 基のほぼ一定量が新たに生成され，その量は平均値として20 μmol/g である。この量は，IF タンパク質基準で33 μmol/g［＝[SH]/($1-\phi'_{d0}$)］に相当する。

この数値は，伸長によって失われた分子間 SS 架橋数39 μmol/g と非常に近い。それゆえ，各 1 mol のフリーのスルヒドリル（SH）基とデヒドロアラニン（DHAL）残基の両者が，図5.8式(A)にしたがって IF 鎖の変形下で分子間 SS 結合から生成されるが，図5.8式(B)および式(C)による X 架橋の生成は，伸長 α 鎖内あるいは鎖間では立体化学的に抑制されると考えられる。ここで，表5.1・表5.2あるいは図5.12では，繊維の伸長過程で分子間架橋の正味の減

表5.4　セット繊維の SH 基含量および40%伸長で生成された SH 基の量（μmol/g）

試料			セット時間（h）					
			0	1/2	2	3	5	平均値
未処理羊毛		19						
未伸長セット繊維		—	10	9	7	8	8	8
40%伸長セット繊維		—	—	27	28	29	28	28
40%伸長により生成された SH 基量	羊毛（KAP＋IF）タンパク質 1 g 当たり	—	—	18	21	21	21	20
	IF タンパク質 1 g 当たり*	—	—	29	34	34	34	33

＊：[SH]/($1-\phi'_{d0}$) として計算した値。
　　ここで ϕ'_{d0} は未膨潤リンカーン羊毛繊維中のマトリックス（KAP）タンパク質の体積分率で0.379に等しい。

表5.5 セット羊毛繊維の SS 基含量および40%伸長によって失われた SS 基の量（μmol/g）

試料		セット時間（h）					
		0	1/2	2	3	5	ave.
未処理		420					
未伸長セット繊維（コントロール）		343	330	337	329	332	332
40%伸長セット繊維		—	290	288	284	289	288
40%伸長により失われた SS 基量	全タンパク質基準		40	49	45	43	44
	IF タンパク質基準（A）[a]		65	79	73	69	72
SH 基へ変換した SS 基量（B）[b]			29	34	34	34	33
X 基へ変換した SS 基量（C）[c]			36	45	39	35	39

a）$[SS]/(1-\phi'_{d0})$ の計算値。ここで，$\phi'_{d0}=0.379$。

b）表5.4の値。

c）$(C)=(A)-(B)$ の値は，IF タンパク質中に生成された分子内 X 架橋の量に等しい。

少量は約 $30\,\mu$mol/g（$=112-82$）である。この量は，SS 結合が SH 基へ変換された量にほぼ一致する。水に inaccessible な領域に存在する，安定で非反応性の分子間 SS 結合は，繊維の伸長によって生じる鎖の形態的秩序が減少するため，沸水に対して反応性を示すと考えた。

　表5.5に，未伸長セットおよび40%伸長セット繊維の SS 含量を示した。ここで重要なことは，伸長あるいは未伸長セット繊維のいずれもセット時間に依存せず，平均値として $332\,\mu$mol/g および $288\,\mu$mol/g の一定値を与えることである。また，IF タンパク質基準では失われた SS 基量は，それぞれ平均 $142\,\mu$mol/g〔$=(420-332)/0.621$〕および $213\,\mu$mol/g〔$=(420-288)/0.621$〕に相当する。力学測定によって得られた分子間 X 架橋の生成量は，図5.12に示したようにセット時間が増加すると，同様に増加することがわかっている。これらの事実から，SS 基は未伸長あるいは伸長状態で，1 h の沸水処理の間に反応性 SS 基のすべては，図5.8式(A)あるいは式5.9・式5.10の β 脱離反応によりデヒドロアラニン（DHAL）を生成するが[7),8),9)]，続く図5.8式(B)および(C)の反応は極めて遅いと解釈できる。これは，ペプチド側鎖間の衝突数は，ペプチド主鎖の振動拡散の速度過程に大きく依存するためである。

$$
\begin{array}{c}
\mid \\
\text{C=O} \\
\mid \\
\text{C--CH}_2\text{--S--S--CH}_2\text{--CH} \\
\mid \\
\text{NH} \\
\mid
\end{array}
\quad
\begin{array}{c}
\mid \\
\text{C=O} \\
\\
\\
\mid \\
\text{NH} \\
\mid
\end{array}
\xrightarrow{\text{(OH}^-\text{)}}
\begin{array}{c}
\mid \\
\text{C=O} \\
\mid \\
\text{C=CH}_2 \\
\mid \\
\text{NH} \\
\mid
\end{array}
+
\begin{array}{c}
\mid \\
\text{C=O} \\
\mid \\
\text{HS--S--CH}_2\text{--CH} \\
\mid \\
\text{NH} \\
\mid
\end{array}
\quad \cdots\cdots\ (式5.9)
$$

(cystine)　　　　　　　　　(dehydroalanine)　(perthiocysteine)

$$
\begin{array}{c}
\mid \\
\text{C=O} \\
\mid \\
\text{HS--S--CH}_2\text{--CH (H}_2\text{O)} \\
\mid \\
\text{NH} \\
\mid
\end{array}
\rightarrow
\text{H}_2\text{S} +
\begin{array}{c}
\mid \\
\text{C=O} \\
\mid \\
\text{HS--CH}_2\text{--CH (H}_2\text{O)} \\
\mid \\
\text{NH} \\
\mid
\end{array}
\rightarrow
\begin{array}{c}
\mid \\
\text{C=O} \\
\mid \\
\text{C=CH}_2 + \text{H}_2\text{S} \\
\mid \\
\text{NH} \\
\mid
\end{array}
\quad \cdots\ (式5.10)
$$

　表5.5で，未処理の SS 含量と伸長セット繊維の SS 含量とを比較すると，両者の差は $132\,\mu$mol/g（$=420-288$）である。この値は，IF タンパク質基準では $213\,\mu$mol/g $[=[\text{SS}]/(1-\phi'_{d0})=(132/0.621)]$ に相当する。可溶性の S-カルボキシメチル（SCM）化ケラチンから分別されたミクロフィブリル（IF）タンパク質中の SCM 含量は，$400\,\mu$mol/g と分析されている。この値はシスチン含量として $200\,\mu$mol/g に相当し，IF タンパク質基準の $213\,\mu$mol/g に極めて近い。これは，ϕ'_d 値がセット時間に依存せず一定であり，マトリックス（KAP）構造の変化はあまりないとする図5.9の結果を支持している。羊毛の沸水処理による自己架橋化反応は，ミクロフィブリル（IF）タンパク質に特異的な反応であることがわかる。X 架橋の生成には，反応拠点への水の拡散と吸着による供給が必要であるから，IF タンパク質は KAP タンパク質よりいっそう親水性であること，そして繊維の伸長によって α ヘリックスが「ほどける」時にだけ，その領域に水が浸入することができる。したがって，羊毛コルテックスの最も親水性の領域は，ミクロフィブリルタンパク質の N,C 末端領域である。ケラチン繊維の水の吸着位置については，Spei と Zahn[10] が IF と KAP 両成分比の異なる種々のケラチン繊維の小角 X 線回折実験にもとづいて，IF 成分は KAP 成分より親水性で，IF と KAP 間の膨潤が IF 間距離の増加の原因であるとしている。

5.5　IF 分子の SS 架橋の種類と数

　図5.13(a)は，IF 内の異なるタイプの SS 結合の分布を示した。すなわち，
135 μmol/g の分子間結合（表5.1）および39 μmol/g の分子内結合（表5.5(C)）
であり，それらは，それぞれ全 SS 結合数（213 μmol/g）の63.4％および18.3％
に相当している。残余の39 μmol/g（＝213−135−39）について，架橋結合の

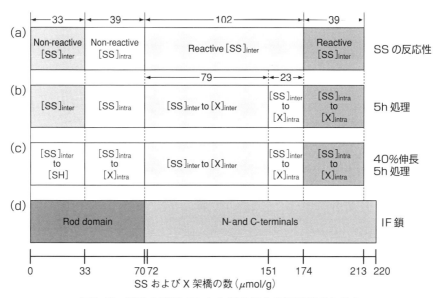

図5.13　羊毛 IF 鎖の SS および X 結合の架橋様式と分布

[SS]および[X]は，それぞれ SS 結合数およびセット処理によって生成した新しい架
橋 X（＝LAN＋LAL）結合の数である。[SH]はスルヒドリル基量，U は不明であった
が，N,C 末端鎖の分子内架橋と最近決定されたもの[11]，添え字の inter および intra は，
それぞれ分子間および分子内架橋を表わす。
(a)様式の異なる SS 架橋分布：non-reactive および reactive は，それぞれ SS 結合が沸
　水中で反応性を示さない結合および反応性を示す結合を意味する。
(b)未伸長 5h セット繊維中の SS と X 結合の分布：分子間（inter）および分子内（intra）
　X 結合は，反応性の分子間 SS 結合から生成される。
(c)40％伸長 5h セット繊維中の SH，SS および X 基の分布：フリー SH 基および分子
　内 X 結合は，それぞれ非反応性の分子間および分子内 SS 結合から生成される。
(d)IF 分子中の α ヘリカルなロッド領域および N,C 末端領域における SS 結合の分
　布[12]。

種類は，不明（Unknown）であったため U で示したが，その後，N,C 末端鎖の分子内結合であることが明らかになった[11]。この理由は，架橋密度の高い環境に存在する架橋の種類は力学的手段では決定できないからである。分子間 SS 架橋は二つのグループに分けられる。一つは水に対して inaccessible な領域に位置している非反応性の架橋，もう一つは親水性雰囲気で反応性を示す架橋である。前者は33 μmol/g（表5.4），後者は102 μmol/g（= 135 - 33）である。

　図5.13(b)(c)は，未伸長および伸長状態で5 h セット処理した繊維の IF 内の SS および X 架橋の分布を示す。反応性の分子間 SS 結合量は，102 μmol/g である。未伸長あるいは伸長セット繊維のいずれも，SS 結合の78%が分子間 X 結合に進み，残り23 μmol/g（= 135 - 112）（22%）は元の結合様式を変えて分子内 X 結合に変換される（図5.12）。沸水では，非反応性の分子内 SS 結合の39 μmol/g は，伸長すると分子内 X 架橋に変換される。また，沸水中では非反応性の33 μmol/g の分子間 SS 結合はフリーの SH 基に変換される。このことは，α ヘリックス領域に分子内 SS 結合が存在していることを示唆している。α ヘリックスは，伸長によって β 鎖あるいは一部ランダム鎖に変化するので，高い分子配列状態の中に置かれていた SS 結合は，伸長により OH$^-$ イオンに対して accessible となり，反応性を示すことになると考えられている。しかし，分子間の SS 結合は図5.8式(B)および(C)にしたがって反応し得る Lys や，CySH 残基が好ましい立体化学的配置を取れないため，図5.8式(A)（反応機構である式5.9および式5.10）で生成した SH（S$^-$イオン）基から X 結合は生成されず，フリーの SH 基のまま孤立して存在すると考えられる。このように，SS 結合は存在位置によって反応性が異なることがわかる。自己架橋化反応のうち，デヒドロアラニン（DHAL）を生成する加水分解（β 脱離）反応，図5.8式(A)が優先して起こり，反応性は，およそ次の順序で減少することが見出された。

$$[SS]_{\text{E-KAP}} > [SS]_{\text{E-E}} > [SS]_{\text{R/E}} >> [SS]_{\text{R-R}}$$

　ここで，添え字 E-KAP は末端鎖と KAP 間，E-E は末端鎖間，R/E は IF

表5.6 IF タンパクフラクションのシステイン（1/2 Cys）残基数[12]

フラクション		ドメイン		全体	分子量×10⁻⁴
		ロッド領域	N, C 末端領域		
Type Ⅰ					4.2〜4.6
8c-1		8	17	25	
8a		5	10	15	
Type Ⅱ					5.6〜6.0
7c		9	21	30	
5		7	11	18	
平均値	1/2 Cys (Residues/mol)	7	15	22	5.0
	Cys 含量（μmol/g）	70	150	220	

ロッドと末端鎖内，および R-R は IF ロッド間の SS 結合である。ロッド領域を含む構造間に位置する SS 結合の反応性が低いのは，OH⁻イオンの接近の困難さによると思われる。一方，末端鎖と KAP 間の SS 結合の反応性が高いのは，KAP 表面の高い親水性によると思われる。

図5.13(d)は，表5.6の Fraser ら[12]により生物工学的手段によって見出された IF タンパク質のシステイン（1/2 Cys）残基数，Residues/mol を μmol/g で示したものである。IF 分子のロッド領域と N-および C-末端の SS 結合の数を μmol/g で示したものを表5.6最終行に示す。αヘリカルなロッド領域の SS 結合数は70 μmol/g，また伸長状態で反応性を示す SS 結合数は72 μmol/g で，両者の値は驚くほど一致している。膨潤ゴム弾性論の適用に当たって，単純化のため，多くの仮定が用いられたにもかかわらず，このような一致が見られるのは偶然もあると思われるが，IF 分子の全架橋数である220の値に極めて近い213 μmol/g が得られたことは，沸水処理が明らかに高い構造位置選択性を持つ反応であることを示している。

5.6　SS架橋のIF鎖上の架橋の位置，種類および数

　図5.13にもとづいて考えられたIF分子鎖中の可能なSS結合位置，種類と相当する架橋数を表5.7および図5.14に示す[7),11),14)]。

　図5.14に，IFタンパク質鎖上のSS架橋結合の種類と位置および架橋数を示した。αヘリカルなロッド領域の分子内SS結合数$[SS]_{intra}$$[=39\,\mu\text{mol/g}$（図5.15(b)参照）]は，平均分子量50,000の分子鎖当たりでは，結合数2個（$=39$

表5.7　IF鎖のロッドおよび末端領域におけるSS架橋の種類と位置および架橋数[3),11),14)]

架橋の種類	架橋の位置	架橋数	
		$\mu\text{mol/g}\cdot\text{IF}$	Residues/IF鎖
分子間 $[SS]_{inter}$	IFロッド－ロッド間	33	3
	N, C末端鎖－N, C末端鎖間	79	8
	N, C末端鎖－KAP間	23	2
分子内 $[SS]_{intra}$	IFロッド/N, C末端鎖	39	4
	N, C末端鎖/N, C末端鎖	39	4
$[SS]_{inter}+[SS]_{intra}$	合計	213	21

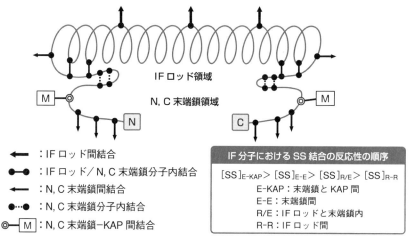

← : IFロッド間結合
●─● : IFロッド/N, C末端鎖分子内結合
← : N, C末端鎖間結合
●┄● : N, C末端鎖分子内結合
◎─M : N, C末端鎖－KAP間結合

IF分子におけるSS結合の反応性の順序

$[SS]_{E\text{-}KAP} > [SS]_{E\text{-}E} > [SS]_{R/E} > [SS]_{R\text{-}R}$

E-KAP：末端鎖とKAP間
E-E：末端鎖間
R/E：IFロッドと末端鎖内
R-R：IFロッド間

図5.14　IFタンパク質鎖上のSS架橋結合の反応性，種類，位置および架橋数

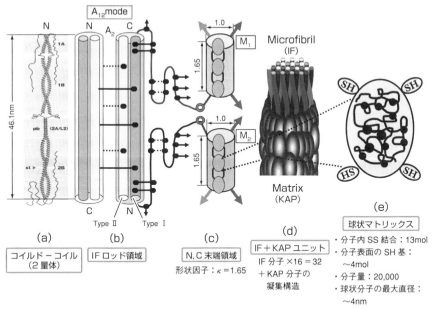

図5.15　羊毛IF鎖のSS架橋の種類と数およびマトリックスの架橋構造

$\times 10^{-6} \times 5 \times 10^{4}$）に相当するので，結合のサイト数は4である。（●—●）は，ロッドとN,C末端鎖間の分子内架橋（結合サイト数4）。また，（●→）は，隣接IF鎖と結合する架橋で，ロッド領域に三つのサイトが存在し，N,C末端には8つのサイトがある。（◎→）は，N,C末端鎖とKAPと結合する架橋で，二つのサイトは末端鎖に含まれ，これらは未伸長状態のセット処理によって分子内X架橋のサイトに変化する。（●…●）は，N,C末端鎖の分子内架橋で，4つの架橋サイトは末端鎖の高架橋密度領域内に位置するが，これらの架橋は網目弾性に寄与しない閉じたループを形成する分子鎖内サイトと考えられた。なお，このモデル図では，二つのノンヘリカルな末端鎖（N-,C-ドメイン）部分の架橋は，各ドメイン間で同数分布すると仮定された。

5.7　KAP分子の凝集構造，分子内および分子間架橋数とIF鎖とKAP間の結合

5.7.1　KAP 分子の架橋構造

　表5.8および表5.9に，羊毛 IF および KAP の全 SS 含量と分子間および分子内の架橋数を，羊毛および各成分タンパク質の量を基準に示した。同様に，表

表5.8　羊毛コルテックス成分 IF および KAP 内の分子間 SS（[SS]$_{inter}$）および分子内 SS（[SS]$_{intra}$）架橋の数（μmol/g・wool）および全 SS 含量（[SS]$_{tot}$）に対する値（%）

コルテックス成分の体積分率（KAP の体積分率, ϕ'_{d0}）	全 SS 含量 [SS]$_{tot}$		分子間 SS 含量 [SS]$_{inter}$		分子内 [SS]$_{intra}$（= [SS]$_{tot}$ − [SS]$_{inter}$）	
	(μmol/g・wool)	(%)	(μmol/g・wool)	(%)	(μmol/g・wool)	(%)
全体(IF + KAP)(1.000)	420	100	128	30.5	292	69.5
IF$(1 − \phi'_{d0} = 0.621)$	124[a)]	29.6	84[c)]	20.0	40[e)]	9.5
KAP$(\phi'_{d0} = 0.379)$	296[b)]	70.4	44[d)]	10.5	252[f)]	60.0

a ）[SS]$_{tot, IF}$（IF 鎖の全架橋数）$= 200^{14)}$：$200(1 − \phi'_{d0}) = 200 \times 0.621 = 124$
b ）$420 − 124 = 296$
c ）$(10^6/2M_c)(1 − \phi'_{d0}) = 135$（表5.1）$\times 0.621 = 84$
d ）[SS]$_{inter, KAP\text{-}KAP}$（KAP 分子間架橋数）$= 115^{15)}$．$115 \times 0.379 = 44$
e ）$124 − 84 = 40$
f ）$296 − 44 = 252$

表5.9　羊毛分子間（[SS]$_{inter}$）および分子内（[SS]$_{intra}$）架橋結合数：タンパク質 1 g 当たりのμmol 数（μmol/g）および全タンパク質量に対する値（%）

毛髪コルテックス成分	成分タンパク質の全 SS 含量		分子間 [SS]$_{inter}$		分子内 [SS]$_{intra}$	
	(μmol/g・protein)	(%)	(μmol/g・protein)	(%)	(μmol/g・protein)	(%)
IF	200[a)]	100	135[c)]	67.5	65[e)]	32.5
KAP	781[b)]	100	115[d)]	14.7	666[f)]	85.3

a ）[SS]$_{tot, IF}$（IF 鎖の全架橋数）$= 200^{14)}$
b ）[SS]$_{tot, KAP}/\phi'_{d0} = 296/0.379 = 781$
c ）$10^6/2M_{c, IF} = 135$
d ）$44/\phi'_{d0} = 115^{15)}$
e ）$200 − 135 = 65$
f ）$781 − 115 = 666$

表5.10　毛髪コルテックス成分 IF および KAP 内の分子間 SS（[SS]$_{inter}$）および分子内 SS（[SS]$_{intra}$）架橋の数（μmol/g・hair）および全 SS 含量（[SS]$_{tot}$）に対する値（%）

コルテックス成分の体積分率（KAP の体積分率, ϕ'_{d0}）	全 SS 含量 [SS]$_{tot}$		分子間 SS 含量 [SS]$_{inter}$		分子内 [SS]$_{intra}$（= [SS]$_{tot}$ − [SS]$_{inter}$）	
	（μmol/g・hair）	（%）	（μmol/g・hair）	（%）	（μmol/g・hair）	（%）
全体（IF + KAP）（1.000）	627	100	123	19.6	504	80.4
IF（1 − ϕ'_{d0} = 0.435）	87[a)]	13.8	58[c)]	9.2	29[e)]	4.6
KAP（ϕ'_{d0} = 0.565）	540[b)]	86.2	65[d)]	10.4	475[f)]	75.8

a）[SS]$_{tot, IF}$（IF 鎖の全架橋数）= 200[14)]：200（1 − ϕ'_{d0}）= 200 × 0.435 = 87
b）627 − 87 = 540
c）（$10^6/2M_c$）（1 − ϕ'_{d0}）= 132 × 0.435 = 58
d）[SS]$_{inter, KAP-KAP}$（KAP 分子間架橋数）= 115[15)]：115 × 0.565 = 65
e）87 − 58 = 29
f）540 − 65 = 475

表5.11　毛髪分子間（[SS]$_{inter}$）および分子内（[SS]$_{intra}$）架橋結合数：タンパク質 1 g 当たりのμmol 数（μmol/g）および全タンパク質量に対する値（%）

毛髪コルテックス成分	成分タンパク質の全 SS 含量		分子間 [SS]$_{inter}$		分子内 [SS]$_{intra}$	
	（μmol/g・protein）	（%）	（μmol/g・protein）	（%）	（μmol/g・protein）	（%）
IF	200[a)]	100	132[c)]	66.0	68[e)]	34.0
KAP	966[b)]	100	115[d)]	12.0	851[f)]	88.0

a）[SS]$_{tot, IF}$（IF 鎖の全架橋数）= 200[14)]
b）540/ϕ'_{d0} = 966
c）$10^6/2M_c$ = 132
d）65/ϕ'_{d0} = 115
e）200 − 132 = 68
f）966 − 115 = 851

5.10および表5.11に，毛髪 IF および KAP の相当する架橋の種類・数・全 SS 含量に対する%を計算してまとめた。欄外に計算方法と出典を記載した。

　羊毛および毛髪試料の全 SS 基量は，ポーラログラフ法により420および627 μmol/g と決定された[11)]。実測強伸度曲線への状態方程式のフィッティングに

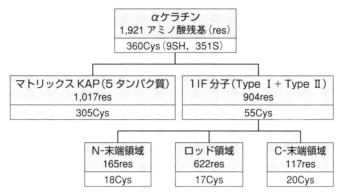

図5.16　羊毛ケラチン繊維を構成するミクロフィブリル（IF）＋マトリックス（KAP）内のシステイン（1/2 Cys）残基の分布

2本鎖のIF分子（8c-1および7c成分鎖）とマトリックス（KAP）5分子からなる構造単位中に存在するCys残基の数[12]。

よる構造パラメータから，①ミクロフィブリルタンパク質からなるIF鎖のSS架橋点間の平均分子量$M_{c,IF}$，および②球状粒子として機能するマトリックスタンパク質KAPのIF＋KAP（2成分からなるコルテックス）に対する体積分率ϕ'_{d0}は，羊毛および毛髪で，それぞれ0.379および0.565が，また$M_{c,IF}$値として，3,700および3,600 g/molが得られ，ケラチン1g当たりの架橋点の数（＝$10^6/2M_{c,IF}$）は，それぞれ135および132 μmol/gと計算された（表5.1参照）。

　IFとKAP分子集合体分子量の等価性を図5.16に示す[12]。羊毛ケラチン繊維を構成するミクロフィブリル（IF）＋マトリックス（KAP）内のシステイン（1/2Cys）残基の分布について，2本鎖のIF分子（8c-1および7c成分鎖）とマトリックスKAP 5分子からなる構造単位中に存在するCys残基が示される。1 molのIF分子と5 molのKAP分子の分子量の等価性が，Fraserらにより主張されている[12]。ここで，IF分子（2量体）およびKAP分子の平均分子量を，それぞれ10^5および20,000と仮定し，コルテックスに占めるIFおよびKAPの体積分率からIF分子（2量体）に対して等価なKAP分子のモル数Pは，式5.11によって示される。

$$P = 10^5 \phi'_{d0} / \{20,000(1 - \phi'_{d0})\} \cdots\cdots \text{(式5.11)}$$

羊毛では，$\phi'_{d0} = 0.379$，$P = 3.1 \, \text{mol}$ と計算される。46.1 nm の単位長さ[13] の IF 分子に，約 3 個の KAP 分子が存在することになる。一方，毛髪では，$\phi'_{d0} = 0.565$，$P = 6.4 \, \text{mol}$ で約 6 個の KAP 分子が対応する。

5.7.2 羊毛および毛髪の架橋構造モデル

表5.8および表5.9の値を用いて，羊毛 KAP 分子の架橋の種類と数を計算した[14),15)]。ここで，KAP 分子量として，$M_{ave} = 20,000$を仮定すれば，表5.9の[SS]含量を用いて羊毛 KAP 間の架橋数 N_{inter} は，式5.12で計算される。

$$N_{inter} = 10^{-6} M_{ave} \, [\text{SS}]_{inter}$$
$$= 115 \times 10^{-6} \times 20,000$$
$$= 2.3 \, \text{mol/分子} \cdots\cdots \text{(式5.12)}$$

この値は，〜4 サイト（2.3×2）が，球状タンパク質表面と隣接分子との間に結合が存在することになる。

また，羊毛 KAP 内の架橋数 N_{intra} は式5.13で示される。

$$N_{intra} = 10^{-6} M_{ave} \, [\text{SS}]_{intra}$$
$$= 666 \times 10^{-6} \times 20,000$$
$$= 13.3 \, \text{mol/分子} \cdots\cdots \text{(式5.13)}$$

式5.11〜式5.13で得られた結果を用いて，IF 分子の架橋構造と KAP 分子との関係を図5.15に示した。

羊毛の場合に準じて得られた毛髪データにもとづいて作図した KAP 分子のモデルを，図5.17に示した。ここで，$N_{inter} = 2.3 \, \text{mol/分子} \simeq 4$ サイト，また $N_{intra} = 17 \, \text{mol/分子}$ と計算された。毛髪 KAP の分子内架橋数 N_{intra} は羊毛の約16%大きく，個数 P は羊毛の約 2 倍に達する。

図5.15に，羊毛 IF 鎖の SS 架橋の種類と数およびマトリックスの架橋構造を示す。図5.15(a)はコイルド−コイル 2 量体モデルであり，図5.15(b)は Type I と Type II が平行に配列した IF ロッド領域の模式図である。黒丸（●）は IF 鎖のロッド領域にある1/2シスチン（1/2SS）サイトが全部で 7 個あり，そ

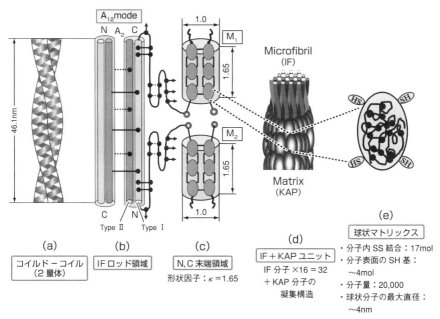

図5.17　毛髪 IF 鎖の SS 架橋の種類と数およびマトリックスの架橋構造

のうち 3 個は隣接する IF 分子と分子間 SS 架橋を形成し，他の 4 個は N,C 末端鎖と分子内結合（実線）をしている。N,C 末端鎖には，他の分子末端鎖との間に分子間 SS 結合（●→）が全部で 8 個と，それに加えて互いに非常に近接した位置にある 4 個の分子内架橋が点線で示してある。図では，便宜的にType Ⅰ として記しているが，Type Ⅱ の IF 鎖についても同じ数と同じ種類のSS 架橋が存在すると仮定している。図5.15(c)の N,C 末端の二つのサイトと，3 個の KAP 分子が SS 結合で凝集した構造上の二つのサイトとの間で分子間SS 結合を形成している。図では，C-末端鎖のサイトとマトリックス M_1 が結合し，N-末端鎖のサイトはマトリックス M_2 と結合する（N,C 末端鎖の二つのサイトが同じマトリックス M_1 の二つのサイトに結合する時，直列 2 相の条件は満たされない）。KAP 凝集体は，さらに隣接する他の分子の N,C 末端鎖と二つの SS 結合で結ばれている。凝集体の形状因子 $\kappa = 1.65$ で，楕円体の形

態を取っている。図5.15(d)は，16 mol の IF 分子（32量体）からなるミクロフィブリルを球状マトリックスタンパク質が取り囲んでいる「IF＋KAP」構造単位の模式図である（図5.3参照）。図5.15(e)の粒状の KAP 分子（平均分子量＝20,000）には，平均4 mol の分子間 SS 結合を通じて隣接する KAP 分子と架橋を形成している。そして，13 mol の分子内 SS 架橋がある。

　図5.17に，毛髪 IF 鎖の SS 架橋の種類と数およびマトリックスの架橋構造を示す。図5.17(a)は IF 分子のヘリックスで，図5.17(b)のように Type Ⅰ と Type Ⅱ の2量体が，逆平行に並んで4量体を形成している。N-末端を図の下部に配置して描いた2量体のうち，Type Ⅰ タンパク鎖の SS 架橋がどのように周囲と結合しているかを示す。ヘリックス領域から3 mol（個）の SS 結合が，隣接した2量体と結ばれている。Type Ⅱ の3個の SS 結合も隣の同じ2量体と結ばれているので，コイルド－コイル2量体は都合6個の結合で隣接した2量体としっかり結合していることになる。図5.17(c)のように，N,C 末端鎖の SS 結合はかなり複雑で，●→は他の末端鎖との間に8個の分子間結合を作り，また4個はロッド領域と分子内結合して末端鎖を IF 本体にしっかりと結び付けているのに加えて，点線で示した4個の結合が近接した位置で分子内結合を作っている。さらに，2個の SS 結合（N-末端鎖と C-末端鎖の各1個）が6個のマトリックス凝集体と結合を作って IF 分子と連携しているが，両者はそれぞれ，マトリックス凝集体 M_1 と，M_1 とは異なる M_2 に結合し，M_1-(C-末端)-(IF ロッド)-(N-末端)-M_2……のように，繊維軸方向に連続した線状の形態を取り，同じ M_1 に結合して環構造が形成されることはない。形状因子 κ の値が1.65というのは，円筒の直径と高さの比が1：1.65の意味で，1個の KAP 分子の分子量を20,000と仮定すると，6個の KAP 分子が集合して1単位を作っていることになる。図5.17(c)では，SS 架橋結合の詳細を説明するために，N,C 末端鎖や KAP 分子が IF ロッドと遠く離れて描かれているが，実際はロッド領域に近接している。図5.17(d)には，IF 分子が16 mol 集合（2 mol のコイルド－コイルロープ×16）し，その周りをたくさんの球状タンパク

質（KAP）によって取り囲まれた構造，いわゆる「ミクロフィブリル＋マトリックス構造単位」を示す。この単位の構造が六方晶の状態に集まって，マクロフィブリルを作っている。図5.17(e)は球状マトリックス（KAP分子）の模式図で，分子量は20,000，粒子の直径は約〜4 nmの形状を持ち，分子内には17個のSS結合があり，そして分子表面には4個の結合サイトとして記したSH基（1/2SS）が存在する。しかし，図5.17(d)のような集合状態と電子顕微鏡観察の結果とは，完全に一致しない点もあり，なお問題は残されている。

5.8　おわりに

　羊毛および毛髪のコルテックスを構成するIF＋KAP成分タンパク質のSS架橋の種類，位置および数が，膨潤繊維の強伸度曲線からゴム弾性モデルを用いて解釈された。沸水処理により，SS結合は新架橋結合へ変換されるが，変換速度は結合の存在位置に深く係わることが明らかにされ，反応性の差を利用してIFロッドやN,C末端鎖領域における結合位置が特定された。IF鎖の分子間SS結合と結合数（モル数）は，ロッド間（3），N,C末端鎖間（8），N,C末端鎖－KAP間（2），および分子内結合は，ロッド/N,C末端鎖（4），N,C末端鎖（4），合計IF鎖当たり分子間（13）＋分子内（8）＝21 molであった。また，IF鎖（分子量50,000）の架橋構造は，羊毛および毛髪ともに同じであることがわかった。KAP（分子量20,000）の構造については，KAP表面に位置する分子間SS架橋は両者ともに4 molであるのに対し，KAPの分子内架橋数は，羊毛で13 molおよび毛髪で17 molと見積もられた。さらに，KAP分子は凝集体としてマトリックスの機能を果たし，一団の分子数はIF分子当たり，それぞれ羊毛でおよそ3 molおよび毛髪で6 molであった。N-末端鎖とC-末端鎖の各1個のSS結合がマトリックス凝集体と結合を作ってIF分子と連携しているが，両者はそれぞれ異なるマトリックス凝集体M_1とM_2に結合し，M_1-（C-末端）-（IFロッド）-（N-末端）-M_2……のように，繊維軸方向に

連続した線状の形態を取ると推定された。今後，生物工学的に解明された一次構造との関連を研究し，繊維の伸長，圧縮および曲げ変形における SH/SS 交換反応の詳細な機構を明らかにすることが重要である。現在，ケラチンの架橋構造に関する研究論文はほとんどない。架橋結合をキャラクタリゼーションする新しい方法の開拓が必要である。

—— 参 考 文 献 ——

1) J. H. Bradbury ; "The Structure and Chemistry of Keratin Fibers" in Advances in Protein Chemistry (eds. ; C. B. Anfinsen, J. T. Edsal and F. M. Richards), vol. 27, p. 111, Academic Press, New York (1973)

2) J. M. Gillespie ; "The Structure Proteins of Hair: Isolation, Characterization and Regulation of Biosynthesis" in Biochemistry and physiology of the skin (ed. ; L. A. Goldsmith), vol. 1, pp. 475-510, Oxford University Press, London (1983)

3) K. Arai, S. Naito, V. B. Dang, N. Nagasawa and M. Hirano ; *J. Appl. Polym. Sci.*, **60**, 169 (1996)

4) K. Arai, G. Ma and T. Hirata ; *J. Appl. Polym. Sci.*, **42**, 1125 (1991)

5) L. R. G. Treloar ; Physics of Rubber Elasticity, 3rd Ed., Oxford University Press (1975)

6) E. Guth ; *J. Appl. Phys.*, **16**, 20 (1945)

7) A. Robson, M. J. Williams and J. M. Woodhouse ; *J. Text. Inst.*, **60**, 140 (1969)

8) B. Milligan, J. A. McClaren ; Wool Science-the Chemical Reactivity of Wool Fiber, Science Press, NSW, Australia (1981)

9) H. Zahn ; Plenary Lecture, 9thInt. Wool Text. Res. Conf., Biella (1995)

10) M. Spei, H. Zahn ; *Melliand Textilber.*, **60**, 523 (1979)

11) K. Suzuta, S. Ogawa, Y. Takeda, K. Kaneyama and K. Arai ; *J. Cosmet. Sci.*, **63**, 177 (2012)

12) R. D. B. Fraser, T. P. MacRae, L. G. Sparrow and D. A. D. Parry ; *Int. J. Biol. Macromol.*, **10**, 106-112 (1988)

13) P. M. Steinert, L. N. Marekov, R. D. B. Fraser and D. A. D. Parry ; *J. Mol. Biol.*, **230**, 436 (1993)

14) J. M. Gillespie ; *J. Polym. Sci.*, Part C, **20**, 201 (1967)

15) S. Naito, K. Arai, M. Hirano, N. Nagasawa and M. Sakamoto ; *J. Appl. Polym. Sci.*, **61**, 1913 (1996)

第6章

チオール（SH）とジスルフィド（SS）との交換反応

6.1　はじめに

　羊毛の化学セットや毛髪のパーマネントセット処理では，「還元」と「酸化」が話題になるが，字句どおり，還元度や還元剤の繊維内拡散などの議論に偏り過ぎているように思われる。還元反応をSH/SS交換反応として捉え，ケラチンの構造と反応との関係についての理解を深めることが重要である。

6.2　ケラチン繊維の伸長と変形

6.2.1　強伸度曲線

　毛髪を引っ張ってもなかなか切断しないことを日常経験する。毛髪や羊毛繊維は切断するまでに大きく伸び，そして伸ばすには大きな力（荷重）が必要である。しかし，切断する前に力を抜くとほとんど元の長さに戻る。ゴムのような弾性的性質を示すので，羊毛様弾性と呼ばれており，古くから興味を持たれ，広く物理学者や化学者の研究対象になった。回復現象は，繊維を濡らした時に顕著に現われる。力と伸びの関係を見る時，横軸に伸びの％を，縦軸に繊維断面積当たりの力を取って描いた図を強伸度曲線という。ここで，伸びの％

は，引き伸ばした長さ（L）から元の繊維試料の長さ（L_0）を差し引いた長さ（$L - L_0$）を，元の長さ L_0 で割って100を掛けた値を用いる。つまり，伸びた長さ（ΔL）の元の長さに対する％で式6.1のように表わす。

$$伸び（\%）= 100(L - L_0)/L_0$$
$$= 100 \, \Delta L/L_0 \cdots\cdots（式6.1）$$

物体を変形しようとすると，物体はそれに抵抗して物体内部に力を生じる。この力を応力（Stress）という。繊維に一定の伸長変形を与える時，太い繊維は，細い繊維より大きな力が必要となるが，太くても細くても同じ力に換算するには，繊維の断面積で伸長に要した力を割ってやればよく，単位断面積当たりの応力として表わすことができる。力の単位はニュートン（N），断面積は m^2（平方メートル）を用い，単位断面積当たりの力を N/m^2 で示す。

健常毛髪の断面は楕円形で，平均直径を $80 \, \mu m$（$= 80 \times 10^{-6} \, m$）と仮定し，この毛髪を水中で切断するのに85 g 必要であったとする。この平均直径は，毛髪の長径aと短径bをレーザー光により測定し，$(a + b)/2$ を計算した値が $80 \, \mu m$ ということである。したがって，断面積 $S = 3.14 \times (80/2)^2 \times (10^{-6})^2 = 5.0 \times 10^{-9} \, m^2$ と計算される。また，繊維を切断するのに必要な力（85 g）は0.085 kg であるから，ニュートンに換算すると，1 kg は9.8 N なので，0.83 N（$= 9.8 \, N/kg \times 0.085 \, kg$）と計算される。したがって，断面積当たりの応力（$f$）は，$0.83/(5.0 \times 10^{-9}) = 16.7 \times 10^7 \, N/m^2$ となる。水に浸して濡れた状態にある毛髪の伸長過程を図に描いたものを湿潤強伸度曲線といい，この健常毛をゆっくり引き伸ばした時の典型

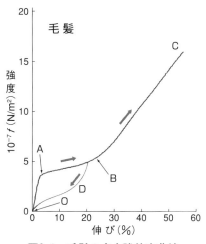

図6.1　毛髪の水中強伸度曲線

的な湿潤強伸度曲線を図6.1に示す。

6.2.2　応力の発生を体感する

　実感してもらうためには，この毛髪繊維の両端を両手で持って切断まで伸ばすことをイメージすることである。ゆっくり一定の速度で繊維を引き伸ばしていく時，手に掛かる力は，最初は急に大きくなり（O → A），それからは徐々に増加していき（A → B），再び急に大きくなり（B → C），60％伸びて切れるが，切断点Cの直前で手に掛かった力は85 g である。もし，20％まで引き伸ばした後，徐々に緩めると応力はD点を経由して減少し，引き伸ばされた繊維を元の長さ L_0 に戻せば両手に掛かる力は0になり，応力のない元の状態に回復する。この伸長と回復の過程を力と伸びの関係で示したものが，図6.1の内容であり，非常に美しい曲線である。毛髪に限らず羊毛でも獣毛でもケラチン繊維は，O → A → B → Cのような3段階の特徴的な形をしている。

　毛髪では通常，パーマネント処理の際にカーラーに巻く程度の曲げ変形で，10％以上引き伸ばす大変形を繊維に与えることは滅多にないが，たとえ曲げであっても，曲げの外側は大きく伸ばされ，内側は圧縮を受けるような変形が起こる。いずれにしても，ケラチン繊維の特徴は，大きく伸ばしても元の形に戻り，大きく曲げても折れずに元の形に戻る「しなやか」で強靭な力学的性質を持っていることである。コルテックスの項（第3章 3.2節）でも触れたが，この強靭性は，ミクロフィブリルとマトリックスの複合構造，つまり，柔らかいマトリックス樹脂に包まれた硬いフィラメントからなる複合材料であること，それも人間が，まだ手に入れていない分子複合材料の構造によることが知られている。しかし，曲げても折れない靭性の発現は，もっと奥が深いメカニズムによって支えられていることを述べる。

6.3　網目構造

6.3.1　一つにつながっている巨大網目

　これまでは，毛髪組織の幾何学的な構造と機能や性能との関係を示してきた。ケラチンタンパク質と命名されたもともとの意味であるシスチン（SS）結合を有する網目高分子の持つ役割とはどういうものであろうか。表6.1に，羊毛および毛髪を構成する種々の成分組織の重量とシスチン（1/2シスチン）量を示す[1]~[7]。品種改良された羊毛の成分重量やシスチン含量に比べて，毛髪は人種により，また個人や年齢によっても大きな差が認められている。両者の

表6.1　メリノ羊毛および毛髪繊維の組織成分およびシステイン量

羊毛および毛髪繊維組織の成分重量およびシステイン量	繊維中の重量（%）		½ SS 基量（mol%）	
	羊毛[1]	毛髪[3]	羊毛[1]	毛髪[1],[3]
繊維全体	100	100	10.5	13~16
キューティクル	11.6	16.7~21.5[6]	14.8	19.1[6]
・エピキューティクル	1.5(抵抗性膜) 0.1(可溶性タンパク質)	1.5(抵抗性膜) 0.12(可溶性タンパク質)	11.9(抵抗性膜) 0.3(可溶性タンパク質)	11.9(抵抗性膜) 0.3(可溶性タンパク質)
・エキソキューティクル	6.4	9.5	18.6[4]	18.6[4]
A 層	—		35	35
B 層	—		15	15
・エンドキューティクル	3.6	5.5	2.2	3
細胞膜複合体（CMC）	2.8	3.5	2.1	1
メジュラ	—	3	—	
コルテックス			10.5	11.1[6]~16.3
・オルソコルテックス			10.3	—
・パラコルテックス			12.9	—
・マクロフィブリル	74.1	76.8	9.0	14.0
・ミクロフィブリル（IF）	35.6[2]	35.0~43.4[6]	6.8[2]	7.6[7]~9.0[6]
・マトリックス（KAP）	38.5[2]	28.2[6]~41.8	17.9[5]	23.5[6]~27.2[7]
・マクロフィブリル間物質（含核残留物）	11.5	6.9[6]（HMW*）	2.3	10.1[6]（HMW*）

＊高分子量物質（>100 KDa）画分

組織は大きく分けて，キューティクル，細胞膜複合体（CMC），メジュラ，コルテックスの4つの組織があり，さらにサブ組織に分かれている。それぞれの組織に含まれるシスチン含量には大きな差があるので，タンパク質分子を互いに結合するSS架橋は組織間で大きな違いがあることがわかる。言い換えれば，複雑なケラチン組織全体は巨大な不均一網目で網掛けされている構造になっているといえる。

　品種改良された羊毛に比べて，毛髪のシスチン含量の分布は広く，文献値に大きな開きがあるが，組織成分タンパク質のSS含量は，毛髪の方が大きいことがわかる。毛髪では，キューティクル全体で約19 mol%であるが，A層は35%と最も高く，毛髪組織のうち最も硬い。これに対して，エンドキューティクルのSS量は3%で最も少なく，柔らかく，水中での膨潤度が高く，相対湿度100%で吸湿率は約100%（毛髪の吸湿率は約32%）に達する。そして化学的あるいは物理的処理により，エンドキューティクル組織から多くのタンパク質が流出することもわかっている。同一の毛髪試料にもとづくGillespieの結果から，コルテックスを構成するIFタンパク質とマトリックスタンパク質（KAP）のSS基量は，それぞれ9.0%と23.5%で，後者は前者の約2.6倍も多く含まれているが，他の研究者によると約3.6倍に達するという報告がある。この差は，人種や個人により異なると考えられている。

　毛髪の主要な組織は，キューティクルとコルテックスに分けられ，コルテックスは中間径フィラメント（IF）およびマトリックス（KAP）のおよそ二つの成分に分けられる。IF，KAPおよびキューティクル＋残渣を構成するタンパク質の量は，それぞれ重量%で約43%，28%および22%に加えて，高分子量タンパク質が7%含まれていることがわかっている。キューティクルの重量は毛髪全体の約15%とする文献もある。また，CMC物質は脂質や糖タンパク質を含み，その量は毛髪全体の約3%程度とされている。

6.3.2　ケラチン網目の転移（軟化）温度とスルヒドリル（SH）基
　パーマ処理の還元過程における軟化の判断は，美容師さんの腕の見せどころ

である。この判断を誤ると処理が不足したり，過剰になったりして，うまく
パーマが仕上がらないことになる。ここで，図6.2の強伸度曲線 A 点および B
点を求める方法を示す。曲線の直線部分を延長し，それらの交点を A および
B と定義する。交点 B を応力転換点と呼んでいる。そして軟化を実験室的に
決定するには，水中の強伸度曲線である図6.1および図6.2の B 点の振る舞い
を観察することである。もし，はっきり B 点が最初の位置から右に移動し，
曲線の立ち上がりがなくなったら，そのとき毛髪は軟化したと考えればよい。
つまり，美しい強伸度曲線から B → C の傾斜がなくなり，A → B → C と平坦
な曲線になったところを見て取ることである。

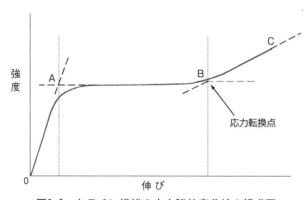

図6.2　ケラチン繊維の水中強伸度曲線の模式図

　図6.3に，燐酸緩衝溶液（pH 6.98）中の還元羊毛繊維の，応力転換点の伸
びと温度との関係を示す[8]。この図は，測定温度を変えて強伸曲線を描き，B
点（応力転換点）の伸びの％の変化を見たものである。未処理試料で，測定温
度70℃までは B 点の伸びの％はほとんど変化しないが，80℃以上で急速に B
点の伸び（横軸）が増加することが観察される。70℃以下の伸びのプロット
と80℃以上の直線プロットとの交点を，試料の転移温度と定義する。表6.2に，
チオグリコール酸で還元した試料の転移温度（軟化温度）T_{tr} を示す。この試

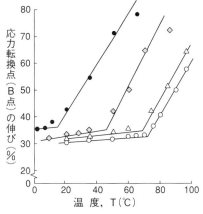

マーク	試料 No.	SH 含量*	T_{tr} (℃)
○	1 未処理	12.4	72
△	2	25.4	68
◇	3	72.3	46
●	4	200.9	15

* μmol/g

図6.3 緩衝溶液（pH6.98）中の還元羊毛繊維の応力転換点の伸びと温度との関係

料は羊毛を使っているが，毛髪でも結果は同等である。

　試料 No.1（未処理試料）の SS 基量は，試料 1 g 当たり491 μmol（マイクロモルは，10^{-6}モル）含まれ，また SH 基は SS 基量の約2.5%含まれている。どんな毛髪や獣毛でも，全 SS 基含量の 2 〜 5 ％相当の SH 基を含んでいることがわかっている。この未処理試料の転移温度は72℃である。試料 No.2 は未処理試料の SS 基をわずかに還元し，SH 基量を約 2 倍に増加させたものである

表6.2 羊毛のスルヒドリル（SH）基含量と転移温度

試料 No.	処理試料	SH 基含量 (μmol/g)	SS 基含量 (μmol/g)	転移温度, T_{tr}（℃）
1	未処理	12.4	491	72
2	No.1 試料の還元	25.4	484	65
3	No.2 試料の還元	72.3	461	46
4	No.3 試料の還元	200.9	397	15
5	No.4 試料の還元→メチル化	14.4	397	62
6	No.4 試料の還元→メチル化→ NEMI 封鎖*	〜 0	397	〜85

＊）N-エチルマレイミド

が，T_{tr} は65℃に低下することがわかる。2倍のSH基量といっても全SS基の
約5.2%に過ぎない。試料 No.3 は，さらに還元度を増加させ，SH基がSS基
量の約15.7%を含むと T_{tr} は46℃に急落する。さらに，試料 No.4 でSH基量
を多くすると軟化温度は激しく低下し，15℃になってしまう。このように，
繊維内のSH基量が還元処理によって増加するにつれて軟化温度は常温以下に
下降し，ケラチン繊維の特徴である強靭性も失われることがわかる。試料
No.5 は，試料 No.4 に含まれる SH 基をメチル化して，−S−CH$_3$ に変え，SS
基量を変化させずに SH 基含量を激減させた試料である。SS 基含量は，試料
No.4 と同じであるが，SH は未処理よりやや大きい値であるのに，T_{tr} は62℃
に急上昇することがわかる。このことから，T_{tr} は SS 含量にはあまり影響され
ず，SH 基量に大きく依存することが理解できる。さらに，SH 基を完全に封
鎖して SH 含量を0にすると，T_{tr} は約85℃にまで急上昇する。以上のことを
図6.4にまとめた。転移温度，すなわち軟化温度（T_{tr}）とスルヒドリル（SH）
基含量との関係はきれいな曲線で表わされ，SH 基はケラチン繊維の柔らかさ
の指標である軟化温度を決める重要な役割を果たしていることがわかる。パー

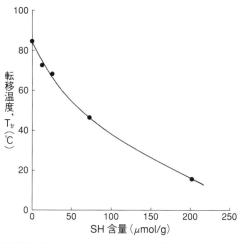

図6.4　転移温度（T_{tr}）とスルヒドリル基（SH）含量との関係

マ処理では，「だれない」処理が重要であるので，２剤処理による酸化を十分行うことの重要性が理解される。

6.4 化学応力緩和

6.4.1 力学エネルギーが化学反応を誘発する

では，このSHの役割は一体どういう機構で果たされているのであろうか？それは，SH基の量がSS結合の安定性に深く関与し，繊維を引き伸ばす時にSH基は触媒的に作用し，交換反応と呼ばれる次の式6.2の化学反応を起こすからである。

$$K\text{-}S_1\text{-}S_2\text{-}K + KS_3H \ \rightleftarrows \ K\text{-}S_1\text{-}S_3\text{-}K + K\text{-}S_2H \cdots\cdots（式6.2）$$

まず，SS結合に番号を付けて，変形する前は，S_1-S_2がペアになってケラチン分子（K）の間に架橋結合K-S_1-S_2-Kがあったとすると，変形している間に，K-S_3H（フリーSH基のこと）基が近くのK-S_1-S_2-K結合に接近して，S_1-S_2結合とS_3との置換反応が起こり，容易に新しいS_1-S_3結合（K-S_1-S_3-K）を生成する。したがって，変形前の架橋位置は変形後には変わってしまうことになる。今，魚網のような網目を考える時，網目のどこかを両手で持って引っ張ると網目は変形するが，それにかまわずさらに力を加えると，どこかの網目鎖（網目の糸の部分）は，その力に耐え切れずに鎖は切断されてしまうであろう。もし，SS結合網目であれば，ある鎖の部分に大きな応力が生じても，網目点（網目の結び目）のSS結合に，網目鎖上に点在するSH基が交換反応を起こしながら網目点を次々に渡り歩いて，鎖に掛かった応力の集中を開放するに違いない。その結果，どの網目鎖にも応力が均等に配分され，切断されることなく伸ばされた状態で，最も安定な網目に変形されることになるであろう。言い換えれば，引っ張られた網目は交換反応によって応力が緩和することになる。この現象を化学応力緩和と呼ぶ。

理解しやすくするために，模式図で説明する。図6.5に，ケラチン網目の変

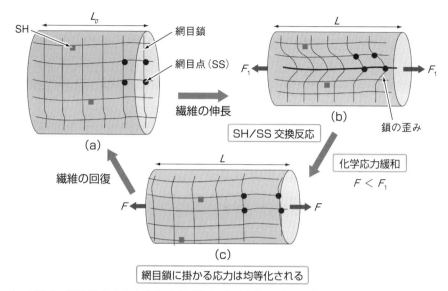

図6.5　網目鎖の応力と緩和の模式図による網目の変形と網目鎖への応力の分配

(a)変形前，(b)特定の鎖に応力が発生し変形，(c)交換反応によりすべての網目鎖の応力が均等化される。

形と緩和の関係を示す。分子間 SS 結合を持つ網目鎖の一つに外力が作用する時，フリーの SH 基が触媒的に働き，交換反応を通じて応力が緩和され，鎖の形態が変化し，鎖の切断が阻止されるようすを模式的に示している。ケラチン網目の変形が起こる前の状態(a)，変形が，ある網目鎖に集中して生ずる段階(b)，および化学応力緩和により組織に吸収された力が網目鎖全体に分配されるようす(c)を示している。このように，ケラチン繊維は，簡単には破壊されない巧妙で精緻な仕組みを持っているのである。

6.4.2　膨潤による SH/SS 交換反応

羊毛や毛髪を水に浸けると，直径（太さ）が16%増加するのに対して，長さ方向には1.2%伸びることがわかっている[9]。こんにゃくは，「たて」と「よこ」が同じ割合で膨潤するので等方膨潤というが，この場合，こんにゃくの中のどんな場所でも四方八方にわたって力が均一に掛かっているので「歪み（ひ

ずみ）」は生じない。しかし，毛髪や羊毛繊維のように，非等方的な膨潤では，どんな場所でも鎖に歪みが発生し，鎖に掛かる応力は不均一になるに違いない。毛髪の中の歪みを内部歪みというが，材料に内部歪みがあると材料は劣化し，破壊の原因となる。毛髪は，膨潤で生じた内部歪みをSH/SS交換反応によって解消し，安定な構造へと自分で自分を変化させてしまう。これこそ自己修復機能を持っているということであり，正しく生命体そのものである。

　さて，羊毛や毛髪内の水はどこに存在するのであろうか？そこが交換反応の起こる場所である。主要な吸着位置はIFs（ミクロフィブリル）とKAP（マトリックス）間にあるIF分子のN,C末端領域近傍のIF結晶表面やKAP球状マトリックス表面が考えられる。したがって，IFsの膨潤はαヘリックス間を離れ離れにすることになるが，水の吸着によって4量体間の離間が起こるとされている[9]。4量体の周囲には水を抱えたタンパク質層が取り囲んでいる（図6.6参照）。湿潤した羊毛のIF間距離は，乾燥状態の8.7 nmから10〜11 nmに変化することから，水を吸着したタンパク質層の厚さは，およそ1 nm程度と推定されている[10]。

　図6.7には，4量体に含まれるシステイン（1/2シスチン）を黒丸で示している。IF鎖（平均分子量50,000）に含まれる1/2SS結合の数は，分子鎖当た

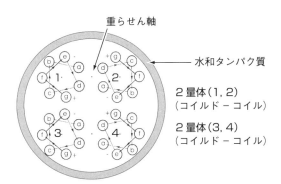

図6.6　乾燥から湿潤状態で観測される正味％のIF膨潤は，水和による4量体の離間による
　　　水和タンパク質が4量体の周囲を取り巻いている。

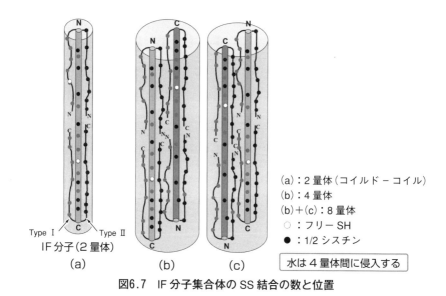

(a)：2量体（コイルドーコイル）
(b)：4量体
(b)＋(c)：8量体
○：フリー SH
●：1/2 シスチン

Type Ⅰ　　Type Ⅱ
IF分子（2量体）
(a)　　　　　　(b)　　　　　(c)

水は4量体間に侵入する

図6.7　IF分子集合体の SS 結合の数と位置

り平均21 mol である。この模式図には，Type Ⅰのアミノ酸結合順序の1/2シスチンの数22 mol（黒丸22個）が示してある（第1章 1.6.4項 IF 鎖のアミノ酸シークエンス参照：図1.12右側，d行7列目の Cys がフリーシステイン）。2量体の1個はフリーシステイン（SH）で，全シスチン（SS）含量の約5%に相当する。いずれにしても，シスチンの数はおびただしいもので，黒丸どうしを線でつないでシスチン（SS）架橋を作ってみれば，どれだけ多くの架橋結合によって4量体が安定化されているのかがわかる。しかし，羊毛や毛髪繊維内に水が浸入し，内部に歪みが生じ，もし架橋が切れなければ逆に多くの網目鎖に内部応力が発生し，内部構造は極めて不安定化されることになる。非等方膨潤による歪みの発生と内部応力の緩和機構について，構造的見地から理解することは重要である。交換反応の起こる場所は水の存在位置と関係するが，未だ特定されていない。

　膨潤と乾燥の繰り返しが本質的な毛髪のダメージの問題に結び付くことを知っているが，厳しい処理は，交換反応を通じて間に合わない場合もあるかも

しれない。交換反応速度より早い処理が行われる時，すなわち，時間的に交換反応が処理速度に追随できず間に合わないような場合には，構造は不安定化してしまう。これが緩和時間の問題である。処理の時間を節約し過ぎると，毛織物の仕上げ加工やヘアスタイルの仕上げの失敗につながることに気付くべきである。ここで，最近，公けにされた SH/SS 交換反応の分子機構を紹介する。

6.4.3 SH/SS 交換反応の分子論

1本の太い骨格筋収縮タンパク質（チチン）の分子内 SS 結合を，ジチオスレイトール（DTT）で還元する時に原子間力顕微鏡（AFM）を用い，この太いタンパク質分子を引っ張った状態で SS 結合の反応性を研究した[11]。これまで説明した応力下の交換反応も，還元反応と原理的には同じであるので，還元反応を応力下に置かれた1本の分子を用いて研究することによって，これまでのように，分子集合体を用いて得られた結果を統計的に解釈するより，いっそう直接的にそして精密に解釈することができる。

1本の巨大なタンパク質分子に負荷した応力の下では，SS 結合の還元反応性は急速（幾何級数的）に増加し，応力が 0 から 300 pN（1 ピコニュートン：$1\,pN = 10^{-12}\,N$）の範囲で10倍も増加することが見出された。そして，SH/SS

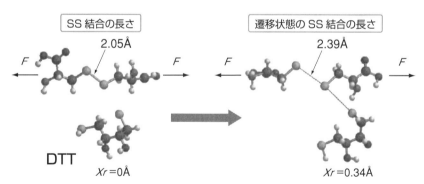

Xr：DTT 分子の SS 結合距離の変化：2.39−2.05＝0.34

遷移状態における SS 結合の長さの増加率：0.34/2.05＝0.16（16％）

図6.8　遷移状態での SS 結合の長さの増加率

交換反応の遷移状態（反応が進むのに，どうしても越えなければならない活性化エネルギーの山の頂上）では，SS結合の長さは約34 pm（1ピコメートル：1 pm = 0.001 nm = 0.1Å）＝0.34Åだけ長くなることがわかった。未伸長状態のSS結合の長さは，約206 pm＝2.06Åであるから，交換反応のエネルギーの山を越えるには，元のSS結合の長さの約16％だけ結合に歪みを与えなければならないことになる（図6.8参照）。

6.4.4　ケラチン構造の神秘

(1)フリーSH基の存在

　羊毛や毛髪繊維は，水中で16％半径方向に膨潤する[9]。したがって，水中では半径方向に配向したSS結合を活性化することができる。つまり，水中で膨潤した毛髪内では，交換反応はすでに反応の障壁を乗り越えるまでのエネルギー状態に高められているわけであり，新たなエネルギーを系に注入しなくとも，鎖に掛かった歪みにより生まれた応力は自ずと開放されてしまうことになる。結果として，αヘリックス→βプリーツドシートへの相転移の活性化エネルギー障壁を減少させ，水中では転移応力を減少させることになる。

　わずか5％そこそこ存在するSH基は，系に歪みが掛からない平常の状態では何の役にも立たない遊び人のようなものであるが，いったん事があれば，すぐに系の破壊を阻止するために活動を開始し，系全体を駆け回ってその役割を果たすわけである。まさに，このような系こそ長く生き続けることができるという毛髪の教えである。系を健全に維持するには5％の遊び人の存在が必要であり，効率主義一辺倒で，一見優秀な人の集まりだけではシステムを持続させることができないことを示唆している。しかし，注意すべきは，遊び人が多過ぎるとシステムの強靭性が失われてしまうことを知らねばならない。1億5000万年のケラチン進化の歴史に学ぶことは多い。

(2)フリーSH基の産生

　図6.9は，綿，合繊，絹，羊毛の抗酸化機能の回復を示したものである[12]。実験は，過酸化水素濃度0.01 M（＝0.034％）水溶液100 mℓ中に乾燥試料10 g

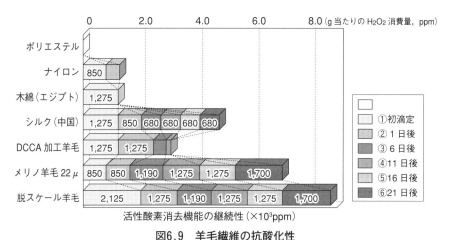

図6.9 羊毛繊維の抗酸化性

種々の繊維に対する活性酸素の消去機能の継続性。

を浸漬し，1 h 経過後の溶液濃度をチオ硫酸ナトリウム規定液で滴定し，消費された過酸化水素濃度を試料1 g 当たり ppm で示した。滴定後，試料を取り出し，脱液後，一定期間空気中に放置乾燥した。この操作を21日間6回繰り返し，各過程での消費量を活性酸素消費機能の継続性として横軸に示した。

　ナイロンの消費量は，繊維中に含まれる酸化防止剤によるものである。木綿は，末端アルデヒドで一度酸化されると回復は見られない。シルクは羊毛ほどの大きな還元力はないが，復元力はある。塩素／樹脂（DCCA）加工した防縮羊毛は，最初のうちは還元性を示すが，次第に衰えることがわかる。メリノ羊毛や脱スケール（キューティクル）羊毛は，空気中に放置していると還元性が幾度となく回復し，永続性のあることがわかる。未処理メリノ羊毛で，還元性が最初のうち低いのは，撥水性のキューティクルの存在によると思われるが，過酸化水素による損傷が進めば，脱スケール羊毛と同程度の抗酸化力・回復性を示す。羊毛繊維は日常の環境下に放置すると，湿度変化における乾湿の過程が繰り返され，結果，フリーの SH 基が産生されると考えられる。脱スケール羊毛で得られた初滴定値2.1 ppm の消費を，SH 基由来と仮定（$2RSH + H_2O_2$

＝ RSSR ＋ H$_2$O）すれば，産生された SH 基濃度は，12.4 μmol/g[＝(2.1/34) ×10^{-4}×2]と計算される。平均では，約 8 μmol/g が 5 日間で産生されたことになる。

　羊毛被服や肌着が健康のために理想的といわれるのは，水分と熱の移動の優位性ばかりではなく，無感蒸泄により発散する水分で，常に酸化防止機能が働き，活性酸素の発生を防ぐのに有効であるからである[12),13)]。

―― 参 考 文 献 ――

1) J. H. Bradbury；"The Structure and Chemistry of Keratin Fibers" in Advances in Protein Chemistry（eds.；C. B. Anfinsen, J. T. Edsal and F. M. Richards），vol. 27, p. 111, Academic Press, New York（1973）

2) W. G. Crewther, B. S. Harrap；*Nature*, **207**, 295（1965）

3) J. A. Swift；*J. Cosmet. Sci.*, **50**, 23（1999）

4) J. D. Leeder；*Wool Science Review*, No. 63, p. 1（1986）

5) H. Lindley, A. Broad, A. P. Danoglon, R. L. Darskus, T. C. Ellman, J. M. Gillespie and C. H. Moore；*Appl. Polym. Symps.*, **18**, 21（1971）

6) R. Kon, A. Nakamura, N. Hirabayashi, K. Takeuchi；*J. Cosmet. Sci.*, **49**, 13（1998）

7) J. M. Gillespie；"The Structure Proteins of Hair: Isolation, Characterization, and Regulation of Biosynthesis" in Biochemistry and Physiology of the Skin（ed.；L. A. Goldsmith），vol. 1, pp. 475-510, Oxford Univ. Press, London（1983）

8) H. D. Weigmann, L. Rebenfield and C. Dansizer；*Textile Res. J.*, **36**, 535（1966）

9) M. Feughelman；*J. Appl. Polym. Sci.*, **83**, 489-507（2002）

10) A. Kreplak, A. Franbourg, F. Briki, F. Leroy, D. Dalle and J. Doucet；*Biophys. J.*, **82**, 2265（2002）

11) A. P. Wiita, S. R. K. Ainavarapu, H. Huang and M. Fernandez；*PNAS*, **103**, 7222（2006）

12) 北条博史；毛髪科学, **89**, 26（2001）

13) 北条博史；第14回繊維応用技術研究会要旨集, pp. 18-28（2001.7, 大阪）

第7章

$\alpha \rightarrow \beta$ 転移機構

7.1　はじめに

　ケラチン繊維の変形過程で起こる構造変化に，$\alpha \rightarrow \beta$ 転移がある。現在は，IF 鎖が化学的あるいは物理的な変化を外から受ける時，どのような構造変化が起こるのかということに研究が向いている。α ヘリックス構造を持つペプチドが，アミロイドタンパク質（アルツハイマー，プリオンや皮膚疾病に関係）を生成する性質があるため，50年前に研究された羊毛の伸長過程で起こる構造変化の一つである $\alpha \rightarrow \beta$ 転移の問題が改めて取り上げられ，その機構について研究がはじめられている。特に注目すべきは，シンクロトロン X 線源の利用によって，時間依存の現象，たとえば応力緩和による構造変化を明らかにすることができるようになった。ここでは，$\alpha \rightarrow \beta$ 転移の問題を歴史的に振り返って見ると同時に，近年目覚ましい発展を遂げている羊毛構造研究から明らかになったケラチン IF 構造と転移との関係について，筆者の研究を含めて取り上げる。

7.2　転移機構の歴史的変遷

　AstburyとStreet[1]は，1931年にケラチン繊維のX線による研究を最初に行った。未伸長および60％伸長状態における繊維から異なったX線回折図形が得られ，α型およびβ型と命名された（図7.1(A)）。ケラチン繊維を20〜30％伸長するとα図形は消えはじめ，60〜70％伸長により新しいβ図形が現われる。そして繊維が元の長さに回復すると，α図形が再び現われることが示された。いわゆるα→β転移現象である。この現象が二つの結晶間の一次転移であるかどうかは，現在でもはっきりしない。AstburyとWoods[2]は，はっきり

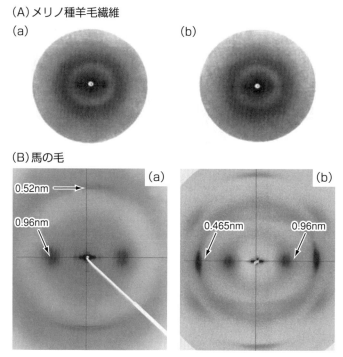

図7.1　X線回折図形

(A)メリノ種羊毛繊維[1]：(a)未伸長（α型），(b)60％伸長（β型）
(B)馬の毛[12]（直径200 μm）：(a)未伸長（α型），(b)水蒸気中100％伸長（β型）

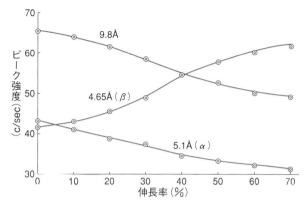

図7.2　羊毛の主要な3種のX線回折図形のピーク強度と伸長率との関係

50℃水中で伸長し，20℃，相対湿度0％で測定[3]

と述べているわけではないが，一次転移であるとした。

　Bendit[3],[4] および Skertchly と Woods[5] は，羊毛繊維を水中で伸長する時，α結晶に特徴的な0.51 nm の子午線反射強度が伸長率の増加に伴って連続的に減少するのに対して，β結晶に特徴的な0.465 nm の赤道線反射強度は伸長率が60～70％に至るまで増加し続けることを示した（図7.2）。最も重要な発見は，5％以下の伸長変形でもα反射強度が減少し，β反射が現われることであった。また，Bendit[4] は同じ論文で，20℃，RH65％条件下の伸長では，αの減少とβの増加は対応しないことを併せて報告している。

　ここで，$\alpha \to \beta$転移に伴う長さ変化を表7.1に示す。β鎖の射影の長さは，αヘリックスのそれの2.2倍，またコイルド－コイルの2.3倍に相当する。した

表7.1　$\alpha \to \beta$転移に伴う鎖の長さ変化

鎖の形態	繊維軸方向の繰り返し距離（nm）	繊維軸方向の1残基当たりの繰り返し距離（nm）	α鎖に対するβ鎖の長さの割合
αヘリックス	0.54	0.15	2.2
コイルド－コイル	0.515	0.143	2.3
βプリーツドシート	0.33	0.33	—

がって，羊毛繊維の5％以下の伸長でもβプリーツドシートが生成すること
は，もし同じ分子から鎖の変換が起こると仮定する時，ミクロの分子変形は少
なくとも元の長さの2.3倍に相当する分子伸長が局所的に起こっていることを
意味し，αヘリックス鎖が同時に多くの箇所から「ほぐれ」はじめることはな
いことを示唆している。

　Bendit[4] によって次のことが示された。

　①αヘリックスからβプリーツドシートへの転移は，どんな湿度下でも5％
　　以上の伸長で起こり，βプリーツドシート含量は5％以上の変形では直線
　　的に増加する。

　②50℃水中伸長では，ミクロの変形量はマクロの変形量に等しい。

　これは，AstburyとStreet[1] の20〜30％伸長で$\alpha \to \beta$転移がはじまるという
証拠とは違っている。Bendit[3] は転移機構として，α結晶$\rightleftarrows$液相（融解）$\rightleftarrows \beta$
結晶の間で平衡が成立し，$\alpha \rightleftarrows \beta$転移は一次相転移に近いと考えた。

　これに対してSkertchlyら[5] は，α結晶$\rightleftarrows$中間相（非晶相）$\rightleftarrows \beta$結晶とし，こ
こで中間相を仮定し，その量を見積もった。最初に繊維中に存在したα結晶
が120％伸長された後に，α結晶のすべてがβ結晶に転移するが，0から120％
への伸長過程で転移に係わる結晶から一部非晶物質が生じるので，これを中間
相と定義した。生成される非晶性物質は50％伸長率の時に最大で，最初に存
在するα結晶量のおよそ25％に相当する。しかし，非晶相が生成される時，
応力は低下しなければならないのに，降服領域における応力低下は起こらない
という事実から，中間相の存在については否定的見解が多い。なお，残された
問題の一つはα鎖から伸びたβ状態への転移は，同じ構造要素分子の間で生
じるのか，あるいはコルテックスの他の部分に存在する非晶物質からβ結晶
が生まれるのか，解決を要する問題であるが，未修飾繊維の回折強度変化から
は，これに関する情報は得られない。

　Araiら[6] は，リンカーン羊毛の伸長に伴うX線回折強度変化を定量的に扱っ
た。未処理試料の0.98 nm赤道線および0.51 nm子午線反射と，伸長に伴って

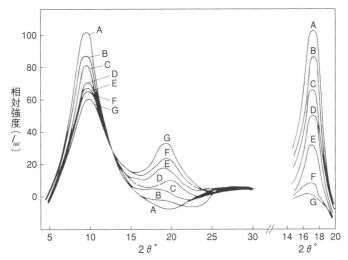

図7.3 水中, 20℃で伸長されたリンカーン種羊毛の種々の伸長率に対する赤道線 (左) および子午線 (右) 方向の相対強度 I_{rel} と, ブラッグ角 2θ との関係

伸長率（%）…A：0, B：10, C：20, D：30, E：40, F：50, G：60

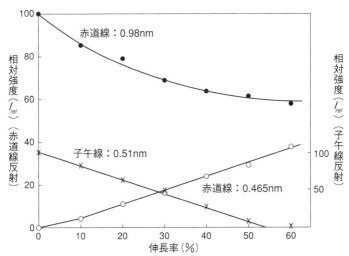

図7.4 水中20℃で伸長されたリンカーン種羊毛繊維の伸長率（%）と相対強度 I_{rel} との関係

α 反射：（●）赤道線0.98 nm, （×）子午線0.51 nm, および β 反射：（○）赤道線0.465 nm

増加する赤道線0.465 nm に対して得られた回折強度曲線（図7.3，図7.4）は，Bendit[3] や Skertchly[5] により得られた結果とほぼ一致した。また，羊毛コルテックスの IF＋KAP 成分に第3物質として導入されたグラフトポリマーは，コルテックス内でドメインを形成することなく，ケラチン分子と高い相互作用

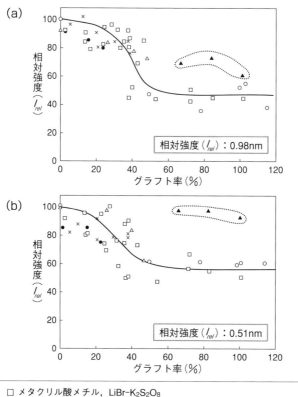

図7.5　種々の反応系により合成されたグラフト羊毛繊維の相対強度 I_{rel} とグラフト率（％）との関係

(a)0.98 nm：赤道線反射，(b)0.51 nm：子午線反射

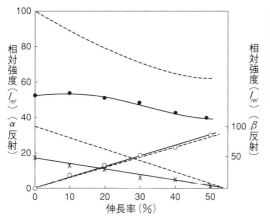

図7.6 グラフト率39.2%メタクリル酸メチル（MMA）グラフトリンカーン羊毛繊維の伸長率と α および β 反射の相対強度 I_{rel} の関係

した状態で分散・沈着し，その結果，IF-IF間距離が増大し[7)～9)]，α結晶の一部が破壊されることが見出された（図7.5参照）。羊毛繊維に存在するα結晶のおよそ50%は，力学的に不安定で初期伸長によって破壊されるが，この不安定なα結晶は，ポリマー沈着による繊維の長さ方向の変化がほとんどないにもかかわらず容易に崩壊し，残余は過剰のポリマー沈着によっても影響されない安定な結晶として存在することがわかった[10),11)]。また，グラフト繊維の伸長によるβ結晶の生成速度は，未修飾繊維のそれと変わらないことも見出された（図7.6）。これらの事実から，伸びたβ鎖はケラチン中にもともと存在している安定なα結晶の「ほぐれ」から生じると考えられ，$\alpha_m \rightleftarrows M$, $\alpha_s \rightleftarrows \beta$ の機構が推定された。ここで，MはX線回折における非晶性散乱物質である。また，羊毛繊維に最初存在するα結晶量は，力学的に安定な結晶 α_s と不安定な結晶 α_m の和（$\alpha = \alpha_s + \alpha_m$）で示され，$\alpha_m \fallingdotseq \alpha_s$ である。安定性を異にするα結晶の位置は，IFs凝集体の構造に関係すると思われるが明らかではない。

7.3　シンクロトロン放射光を利用した最近の研究

　Kreplak ら[12]は，放射光を利用した毛髪の小角 X 線散乱強度の解析から，ナノスケールにおける新しい変形モデルを示した。子午線方向の6.7 nm アーク反射（47 nm の7次反射）の格子面間隔の変位と，繊維のマクロ伸長率との関係を研究した。この反射は，IF の軸方向の「ずれ」（表面格子における連続する格子点間の軸方向の射影距離：Za）に関係している。回折強度は水中40％伸長まで減少することなく，ほぼ一定に推移するのに対して，反射位置の増加が観測された。35％伸長で格子面の変位は約44％増加した(図7.7)。これは，面間隔では6.7 nm が9.6 nm に増加することに相当する。この6.7 nm 反射の結果から，40％伸長に至るまで IF 構造は維持されたままの状態で，IF 軸に沿って滑ると解釈された。水中では，IF 内部と周囲に存在する水分子が，滑り過程で重要な役割を演じ，滑り過程のエネルギーコストを減少させるように作用する結果，IF がマクロ伸長によっても構造変化なしに伸長する理由であ

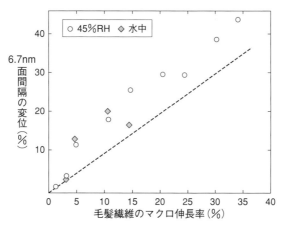

図7.7　毛髪繊維のマクロ伸長率と6.7 nm 面間隔の変位

子午線アークの反射強度は，水中40％伸長まで減少せず反射位置が増加し，面間隔は6.7 nm から9.6 nm の増加に相当する。6.7 nm 反射はミクロフィブリルの構造変化に関係し，構造が維持された状態でミクロフィブリル軸に沿って滑ると解釈する。

るとした。伸長率40％以上60％の間では，分子伸長過程が優先すると考えられている。IF フィラメント内の分子間に存在する SS 結合が破壊されなければ，IF の伸長によって起こる滑り過程を妨害することになる。二つの動的過程，分子伸長と分子滑りは競合過程であり，SS 結合の開裂と協同している。重要なパラメータは二つの過程のエネルギーバランスにある。このバランスは広い範囲のパラメータに影響される。たとえば，伸長速度，温度，相対湿度などである。そして，次のことが結論された。

① βプリーツドシート構造は，湿潤繊維を20～25％マクロ伸長する時にだけ現われるが，αヘリックスの含量は最初の数％で減少する，

② βプリーツドシート構造は，コイルド－コイルのほぐれと再び折りたたまれる過程で生まれる。

③ βプリーツドシート構造は，ほぐれたケラチンのαヘリックスから生じるか，もしくは他の非ケラチンタンパク質から生じるかのどちらかであるが，前者の可能性が高い。

④6.7 nm 子午線小角反射の変位から明らかになったように，マクロな変形よりもミクロ変形が常に小さいことにもとづいて，IF 構造単位の滑り機構が示された。

これによって，Bendit の仮定[3),4)]に疑問が提示され，これまでの毛髪ケラチンのα→β転移機構は，再度見直す必要に迫られている。

Kreplak ら[13)]は，シンクロトロン放射顕微外吸収スペクトルの測定により「ぬれた」馬の毛を用いてマクロ伸長率とα→β転移の空間分布との関係を研究し，伸長率20％以上でβプリーツドシートが繊維の中心部に現われ，延伸の間，徐々に繊維全体に拡がっていくことを見出した。また，シンクロトロン放射広角 X 線回折から非常に鋭い回折図形（図7.1(A)と比較した図7.1(B)参照）が得られ，観察されるブロードな0.5 nm 子午線反射は，規則性の小さいコイルド－コイル 2 量体の散乱によると解釈された。これら散乱データから，コイルド－コイルドメインが最初に「ほぐれ」，β構造が生成される前に伸長され

た無秩序な鎖に変換されるとしている。これは，すでに Skertchly と Wood、によって指摘された機構と一致する。また，IR と広角 X 線測定から，繊維外周部に位置するコルテックス・ゾーンよりも，いっそう秩序構造を取るコルテックス・コア部分から応力勾配が生じると推定された。また，水中で毛髪繊維を伸長する際に生じる二つの過程，すなわちコイルド−コイルの分子伸長と分子相互の滑りとが分子スケールで競争的に起こることを示した[13]が，コア部分のよく結晶化したゾーンでは伸長過程が滑り過程に勝るので，ヘリックス構造が「ほぐれ」て，再びβプリーツドシート構造への転移が起こるのに好ましい条件となる。これに対して，よく発達していない結晶の存在する領域では，30%伸長まで滑り過程が優勢になる。これら二つの過程の結果として，20%伸長過程ではβプリーツドシートリッチなコアとαヘリックスリッチな外周部を持つ2相が共存する試料が生じる。さらに伸長が増加すると，最終的に全断面にわたってβプリーツドシートへの完全な転移が起こるので，α→β転移の量は繊維の結晶の完全性に依存すると結論されている。α→β転移現象は，繊維に含まれる結晶の完全性のみならず，繊維の置かれた環境，特に湿度に大きく影響されるので，転移機構における水は高分子可塑剤として作用し，水中での伸長は伸びたβプリーツドシートの生成を容易にするが，低湿度条件では，鎖はほぐれたまま残っているとされる。この「滑り」モデル[14)~17)]は，種々の研究を通してチャレンジされるべき多くの問題を含んでいる。いずれにしても，これらの新しいデータを用いて，ケラチン繊維の種々の力学的および熱的性質の構造論的解釈が再検討されねばならない。細胞骨格の成分であるIF フィラメント（ビメンチン）の力学応答を，分子動力学的シミュレーション法により解析し，αヘリックスからβプリーツドシートへの転移や高伸長における滑り過程が論じられているが[17)]，マトリックスを多量に含むケラチン繊維の IF＋KAP 構造の解析は，未だ報告されていない。

7.4　繊維の伸長条件と $\alpha \rightarrow \beta$ 転移

　Cao は[18]，乾燥および湿潤状態の羊毛および毛髪繊維の伸長状態の X 線回折図形の変化から，$\alpha \rightarrow \beta$ 転移機構を論じた。表7.2に，伸長条件と回折図形の結果をまとめて示した。乾燥状態で，破断限界の35％伸長繊維は α 結晶を維持し，20 min スチーム処理しても結晶形は変わらない。また，湿潤状態で40％伸長したいずれのケラチン繊維も，未処理試料の持つ α 結晶をそのまま維持し，スチーム処理によって β プリーツドシートへ転移する。これらは，Astbury ら[1]，Bendit[4]，Skertchly と Woods[5]，Arai ら[6]および Kreplak ら[12],[13]の結果と大きく異なることが明らかである。また，シンクロトロン放射 X 線回折を単繊維試料に応用し，降伏領域まで伸長するとネッキング現象が観察され，微小変形領域の回折図からネックしない領域に α 型のみ残存し，ネック変形域に β 型が生まれることを見出した。$\alpha \rightarrow \beta$ 転移は，ネックセグメントに対してだけ起こるとした[14]。

　以上のように，$\alpha \rightarrow \beta$ 転移は，繊維の伸長条件，すなわち伸長速度，湿度，温度，とりわけ湿度に大きく依存することについては研究者間で一致しているが，転移機構については，なお多くの不明な点が多い。問題は，IF＋KAP 構造モデルが明確さを欠いていることに原因がある。次節で，筆者の架橋構造モデルにもとづいて，$\alpha \rightarrow \beta$ 転移機構を説明する。

表7.2　種々のケラチン繊維の伸長条件とスチーム処理による X 線回折図形の変化[18]

ケラチン繊維試料	伸長率（％）	X 線回折図形	20 min スチーム処理	X 線回折図形	スチーム処理時の水蒸気供給
未処理リンカーン	—	α	—	—	—
乾燥リンカーン	35[注2]	α	伸長後　→	α	△
湿潤リンカーン	40	α	伸長後　→	β	○
湿潤メリノ[注1]	40	α	伸長後　→	β	○
湿潤毛髪	40	α	伸長後　→	β	○

注1）前処理：1 ％ Na_2SO_3　　注2）破断限界

7.5　IF-KAP 間 SS 架橋構造モデルによる $\alpha \rightarrow \beta$ 転移現象の解釈

　沸騰水中でのセット処理過程で起こるジスルフィド（SS）架橋の切断は，第 5 章5.5節に示したように，最初の沸水処理 1 h 以内にすべての[SS]$_{E\text{-}KAP}$ 分子間結合が切断され，分子内結合へ変換される。5.5節の図5.14に示しているように，N,C 末端鎖に位置する分子間架橋10 mol/IF 分子のうち，最も反応性の高い 2 mol の IF-KAP 間の SS 架橋が 1 h 以内に切断され，いかなる分子間結合も再生されず，IF と KAP 分子間の強い相互作用は失われる。残余の 8 mol/IF 分子末端鎖の架橋は，ランチオニンあるいはリジノアラニンの分子間架橋として，すべての架橋が 5 h 以内に再生される。より高温の蒸気セットでは，同じように切断と再生反応が進むに違いない。このように，IF 分子と KAP 分子集合体の周囲に水分があり，かつ IF-KAP 間結合が切断される時，5.7節の図5.15および図5.17から示唆されるように，繊維の伸長によって KAP 凝集体の変形とは相関せず IF 分子が独立に伸長され，α ヘリックス分子の β 構造への転移が容易に起こると考えられる。これが表7.2の膨潤試料の40％伸長後20分スチーム処理の場合に相当する。

　これとは逆に，[SS]$_{E\text{-}KAP}$ 分子間結合が保存されている未処理繊維では，硬い IF ロッドおよび IF ロッドと高い相互作用し，高い粘性係数を持つ KAP 凝集体は，伸長に対して共同して抵抗し，IF＋KAP 凝集体の変形が起こる前に分子運動性の高い N,C 末端網目鎖の伸長変形が優先的に起こり，IF ロッド領域の変形が抑制され，結果として β 構造の発生が抑止されると考えられる。IF＋KAP 凝集体の相互作用の大きさは KAP 凝集体の粘性に依存するので，水分率で決まる T_g 温度以上の湿潤状態において繊維が伸長される時，KAP 分子の流動が起こると同時に IF 分子が伸長され，伸長に伴って α ヘリックスの unfolding が起こり，$\alpha \rightarrow \beta$ 転移現象が観察される。それに対して，KAP の水分率が少なく，T_g 温度以下で繊維が伸長される時，β 構造の生成は起こらないと考えられる。表7.2の乾燥35％伸長後20分スチーム処理では，水分拡散が

不足し，[SS]$_{E-KAP}$ 架橋の切断は起こらず，α 型が維持される。

[SS]$_{E-KAP}$ 分子間架橋結合を持つ未処理繊維の伸長初期条件として，IF＋KAP 周辺の水分量が十分供給される時，KAP 凝集体の流動が IF 分子の変形と独立に起こり，$\alpha \to \beta$ 転移現象が伸長初期から生じることになる。すべての SS 結合のうち，最も反応性の高い[SS]$_{E-KAP}$ 分子間結合は，水分の存在下に歪めば，微少マクロ変形下で容易に起こる SH/SS 交換反応を通して切断され[19]，IF＋KAP 凝集体の安定性の低下によって β 構造の発生を助長すると考えられる。7.2節，7.3節および7.4節に取り上げた初期伸長における転移の不一致は，伸長初期に置かれた IF＋KAP 凝集体の安定性の違いによると思われる。

―― 参 考 文 献 ――

1) W. T. Astbury, A. Street；*Phil. Trans. Roy. Soc.*, **A230**, 683（1931）
2) W. T. Astbury, H. J. Woods；*Phil. Trans. Roy. Soc.*, **A233**, 333（1933）
3) E. G. Bendit；*Nature*, **179**, 535（1957）
4) E. G. Bendit；*Textile Res. J.*, **30**, 547（1960）
5) A. Skertchly, H. J. Woods；*J. Text. Inst.*, **51**, T517（1960）
6) K. Arai, M. Negishi, T. Suda and S. Arai；*J. Appl. Polym. Sci.*, **17**, 483-502（1973）
7) K. Arai；"Grafting onto Wool and Silk, Chapter 7" in Block and Graft Copolymerization, vol. 1（ed.；R. J. Ceresa）, pp. 193-268, Wiley-Interscience, London（1973）
8) K. Arai；"Structure and Properties of Wool Graft Copolymers, Chaper 8" in Block and Graft Copolymerization, vol. 1（ed.；R. J. Ceresa）, pp. 269-310, Wiley-Interscience, London（1973）
9) K. Arai；"Relation between the Structure of Wool Graft Copolymers and Their Dynamical Mechanical Properties" in Polymer Applications of Renewable-Resource Materials（Polymer Science and Technology Vol. 17）（eds.；C. E. Carraher, L. H. Sperling）, pp. 375-406, Prenum Press, New York（1983）
10) K. Arai, K. Hagiwara；*Inter. J. Biol. Macromol.*, **2**, 355-360（1980）
11) K. Arai, S. Arai；*Inter. J. Biol. Macromol.*, **2**, 361-367（1980）
12) L. Kreplak, A. Franbourg, F. Briki, F. Leroy, D. Dalle and J. Doucet；*Biophys. J.*, **82**, 2265（2002）
13) L. Kreplak, J. Doucet, P. Dumasm and F. Briki；*Biophys. J.*, **87**, 640（2004）
14) J. Cao；*J. Mol. Struct.*, **607**, 69（2002）
15) D. S. Fudge, K. H. Gardner, V. T. Forsyth, C. Riekel and J. M. Gosline；*Biophys. J.*,

85，2015（2003）

16）D. S. Fudge, J. M. Gosline；*Proc. Royal Soc. London*, B 271，291（2004）

17）Z. Qin, L. Kreplak and M. J. Buehle；*PLoS ONE*，**4**，e7294, pp. 1-14（2009）

18）J. Cao；*J. Mol. Struct.*, **553**，101（2000）

19）R. Paquin, P. Colomban；*J. Raman Spect.*, **38**，504（2007）

第8章

ケラチン繊維の力学物性

8.1 応力－伸長曲線の形

　羊毛や毛髪ケラチン繊維の物性は，これら繊維の長さ方向の挙動について，三つの区別し得る領域の弾性率の項で最もよく議論され，温度・時間および吸湿率の変化による繊維の力学挙動が論じられている。第6章で示したように，太さ均一の毛髪や羊毛繊維の強度－伸度曲線（図8.1および図8.2）は三つの直線領域を持っている。すなわち，①フック領域，②降服，および③後降服領域で，それぞれ伸長率が0から2％，2％から25～30％および30％以上の伸長範囲に相当する[1]（図8.3）。これら範囲内での繊維の弾性率は，およそ100：1：10であり，これら三つの伸長領域に対する繊維の応力は，水中で明確に区別できる[2]。図8.2に挿入した羊毛の回復曲線からもわかるように，降服領域からは応力を除けばαヘリックスも網目構造

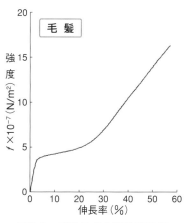

図8.1　毛髪の水中強伸度曲線

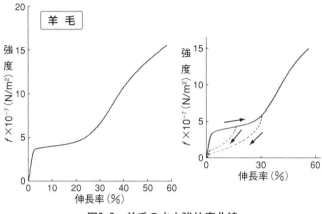

図8.2 羊毛の水中強伸度曲線

挿入図の破線は，20％および30％伸長からの回復曲線を示す。見掛け上，羊毛と毛髪との差異は認められない。

も元の状態に回復する。Astbury と Haggith[3] は，フック領域での繊維の歪みはαケラチン繊維の繊維軸方向における X 線回折面の面間隔の歪みに相当し，大部分が結晶弾性であることを示した。

種々の獣毛について，SEM 観察された重畳していないスケール部分の長さ（S_L）および繊維直径（D）とそれらの比，S_L/D 値と切断強度 σ_B（N/m²），および切断伸度（％）ε_B とともに表8.1に示す。

S_L/D 値が，0.9～1.4の A グループ（No.1, 2），0.6～0.9の B グループ（No.3～6），0.4～0.5の

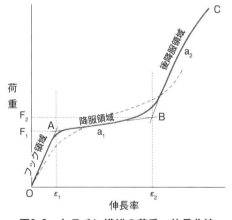

図8.3 ケラチン繊維の荷重－伸長曲線

OABC における三つの領域および力学的性質の特性化に用いられるパラメータ。点線の曲線は，不均一性の高い羊毛繊維の例[4]。

表8.1　種々のケラチン繊維のスケールの特徴と切断強伸度（水中25℃）[a),b)]

No.	獣毛試料	D (μm)	S_L (μm)	S_L/D	$10^{-7}\sigma_B$ (N/m^2)	ε_B (%)
1	Cashmere	16.2	18	0.9~1.2	18.4	46
2	Vicuna	9.8	9	0.9~1.4	18.5	42
3	Alpaca	21.3	12	0.6~0.8	18.3	47
4	Pashmina	18.0	13	0.7~0.9	17.0	50
5	NewZealand Merino wool	22.0	11	0.6~0.8	18.4	53
6	Camel	17.3	15	0.7~1.0	15.7	50
7	Angora	18.0	7	0.4~0.6	5.6	37
8	Lincoln wool	55.8	21	0.4~0.5	15.5	57
9	Human hair	88.0	8	0.06~0.09	16.3	56

a）獣毛繊維試料提供：津田　真　氏（大津毛織㈱　中央研究所）

b）測定者：KRA 羊毛研究所・新井 幸三（第16回　繊維応用技術研究会資料集，pp. 1-10，2002.3.18，新大阪シティープラザ）

Cグループ（No. 7，8）およびそれ以下の D グループ（No. 9）に分類される。小さいD値を持つカシミヤやビキューナは，A グループに属している。毛髪の直径はビキューナの約10倍に近く，S_L/D 値は0.1以下である。

　表8.2に，種々の獣毛繊維の水中強伸度測定から得られた力学パラメータ（図8.3参照），初期弾性率 E，降服応力 F_1，後降服応力 F_2 と対応する伸度 ε_1，ε_2，降服および後降服領域の勾配 a_1 および a_2 の値を示す。測定試料は，顕微鏡下で均一性が高く，表8.1の平均直径に近い単繊維を5本選択し，初期長20 mm，伸長速度2 mm/min，水温25℃で引張り測定を行った。強度は，RH 65％，20℃で測定した断面積当たりで示した。これらパラメータの値は試料間で大きく異なり，広い範囲にわたっている。力学パラメータ間の相関はほとんど見られない。SS 含量の多い繊維の後降服領域の傾斜 a_2 は高い傾向があるようであるが，特に毛髪試料の選択は処理履歴の問題が含まれるので，データの解釈は非常にむずかしい。ケラチン繊維の SS 含量と，IF の架橋密度や繊維中に存在する KAP の体積分率との関係については第4章に記述した。

　Collins と Chaikin[4)] は，降服領域の傾斜は繊維の断面積の変動や構造の不均

表8.2　種々のケラチン繊維の水中応力伸長特性（25℃）

獣毛試料	SS および SH 含量 (μmol/g)		初期弾性率	降伏領域			後降伏領域		
	[SS]	[SH]	10^{-9} E (N/m^2)	A 点強度 10^{-7} F$_1$ (N/m^2)	A 伸度 ε_1 (％)	AB の傾斜 10^{-7} a$_1$ (N/m^2)	B 点強度 10^{-7} F$_2$ (N/m^2)	B 伸度 ε_2 (％)	BC の傾斜 10^{-7} a$_2$ (N/m^2)
Cashmere	486	24.3	2.90	5.02	2	8.39	7.10	28	22.0
Vicuna	504	25.2	2.48	4.47	2	11.96	7.10	24	22.9
Alpaca	418		1.97	4.00	2	6.79	5.27	21	20.8
Pashmina			2.41	4.47	2	6.49	6.15	28	16.2
N. Z. Merino wool	481		1.77	4.36	3	6.69	6.02	28	18.9
Camel	421	21.1	1.99	3.51	2	8.31	5.38	25	16.9
Angora			0.81	1.70	2	4.54	2.74	25	6.9
Lincoln wool	409	25.0	1.84	3.64	3	4.13	4.62	26	14.6
Human hair	581	12.0	1.57	3.75	3	5.20	4.95	26	12.2

一性に密接に関係していると報告している。不均一な繊維の強力－伸長曲線が図8.3に点線で示されている。典型的な応力－伸度曲線の特徴は失われ，繊維の断面積の不均一性が増加すると，破断強度と破断伸度は相当減少する。これは，伸長による繊維内部の応力分布の不均一性によると考えられている。これに関して，馬の尾のような断面積が〜0.2 mm に達するケラチン繊維では，伸長ひずみは繊維の中心から表面に向かって空間的に拡がることが，伸長状態のX 線回折や赤外線吸収スペクトル測定から明らかにされている[5]。

　ここで，モヘアの強伸度曲線（図8.4）を示す。フック領域と降伏領域に沿って，点線で示すような肩が観察される。Kondo ら[6]は，肩の大きさを SI (Shoulder Index) 値として，$SI = (S'-S)/S$ と定義した。肩のかたちが点線のようになれば，SI 値は負を示す。ここで，S は強伸度曲線 OABC において，伸長率20％（E 点）までの強伸度曲線と伸度軸とに囲まれた面積，S' はフック弾性領域と20％伸長における降伏領域の各接線，および伸長軸と20％伸長点（E）からの垂線と降伏領域の接線の交点（D）とを結んだ4 直線によって囲まれた面積（OADE）である。

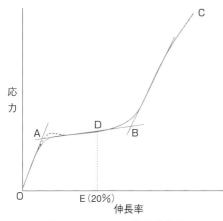

応力 / 伸長率

図8.4 モヘアの強伸度曲線

キッドモヘアの強伸度曲線の特異性は未伸長状態で，コルテックスとスケール間接着によるとされる[6]。

未処理メリノ羊毛や，あらかじめ伸長したモヘア繊維の *SI* 値は常に正の値を示すが，キッドモヘア繊維の約14%は負の値を持つとされている。メリノ羊毛表面より，キッドモヘア繊維は平滑で強固なスケール間接着をしている。外部応力がスケール間力に打ち勝つ時，スケール間にクラックが生じることを7％伸長下の電顕観察から明らかにした。これに対して，メリノ羊毛では，約10％以下の伸長ではどんな変化も観察されなかったが，これは未伸長状態でもスケール間に間隙が存在しているためであるとされた。モヘア繊維を約5％伸長すると染色速度が著しく増加するのは，スケール間隙を通して起こる染料の浸透によっていることを，顕微鏡観察と染料の吸着速度の測定から明らかにしている。モヘアの染色は不均一になりやすく，染色条件に極めて敏感であるといわれている。紡績や整織工程の種々の段階において繊維は伸長されるので，工業的にも伸長によるスケール間隙の生成と成長は染色工程制御にとって重要である。

8.2 フック領域の緩和曲線

Feughelman[7] および Feughelman と Robinson[8] は，0.8％伸長における応力緩和挙動を研究した（図8.5）。室温で繊維の長さ方向への伸長に対して，弾性率は乾燥（相対湿度0％）から濡れた（相対湿度100％）環境まで，秒から分の時間枠内で2.7から1の倍率で変化するが，平衡まで取られた緩和測定か

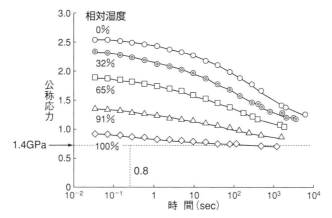

図8.5　種々の相対湿度下，微少歪み（0.8%）からの応力緩和曲線

応力は相当湿潤の断面積を基準に計算され，0.8%における水中の初期応力は 1 に取られた。測定は20℃，0.8%歪みまでの伸長速度10%/min で行われた。

　　らは，αケラチン繊維の弾性率は湿潤あるいは乾燥状態でも，同じ平衡応力値を示した。繊維中の α 結晶成分の長さ方向の挙動は，Feughelman の提示した2相モデルにもとづいて期待された結果と矛盾しないとして示された。

　　長さ方向の力学的平衡状態の弾性率は，羊毛繊維に対して1.4 GPa が得られた。また，この値が50℃以下の温度でも維持されることが見出された。彼らは，緩和挙動の研究からαケラチン繊維のフック弾性領域の粘弾性モデルを導いた。フック領域は，力学的にはスプリング（B）とダッシュポット（η）の直列の組と，スプリング（A）との並列モデルで示される。すなわち，弾性率に寄与する1.4 GPa の大きさのスプリングと，湿度と温度依存の粘性に寄与す

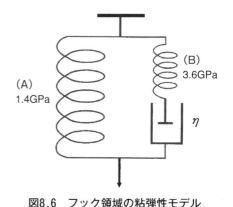

図8.6　フック領域の粘弾性モデル

スプリング（B）とダッシュポット（η）の直列の組と，スプリング（A）の並列モデル。

るダッシュポットの組である（図8.6）。後者は2相モデルのマトリックス（M）相に相当するタンパク質分子主鎖のセグメントや側鎖の分子運動に関係し，前者は水の浸入を許さないミクロフィブリル（C）相に相当すると考えた。弾性率は，C相を形成する秩序構造を持つαヘリカルなロープ（IF）の伸長に対して生じ，それに加えてM相では繊維の長さ方向の弾性率に対して，温度および時間依存の原因となる分子構造成分が寄与している。粘弾性モデルにしたがえば，力学的には長さ方向の歪みに対してC相とM相は並列である。これは，各相が長さ方向に伸長される時，二つの相は等しく歪み，そして長さ方向の力は相加的であるということである。

8.3　降服領域からの回復曲線

　フック領域の終点と約25〜30％の歪み領域間を降服領域，また降服領域を超えて力学的により固くなり繊維の破壊に至るまでを後降服領域と定義する。Speakman[9]は，室温・水中における降服領域内での伸長を行った後，繊維を緩めると約20 hで完全に元に戻ることを示した。

　Feugelman[10]は，羊毛繊維を20℃，水中で20％伸長させた時の力学的ヒステレシス曲線と，pH 1の塩酸水溶液中，同じ繊維に対して同じ条件で測定した結果とを比較した。両者ともに，可逆的に伸長率0に戻ることを示した（図8.7）。水中伸長歪みで生じる応力レベルは，pH 1での応力レベルより非常に高いことがわかる。これは，塩酸水溶液中では−COO⁻ イオンがCOOHに変化し，塩結合がすべて切断された結果であるとした。αケラチン繊維の水中伸長で起こるαヘリックスのβ鎖への転移は，疎水性相互作用と静電相互作用（塩結合）の両者の破壊を含むことが強く示唆される。繊維の降服領域からの収縮過程では，水中応力の大きさはpH 1の応力レベルと同等であることがわかる。収縮してβ構造がαヘリックスへ戻る時，疎水性相互作用は再生するが，静電相互作用はゆっくり再生する。これに関して，伸長繊維の回復の力学

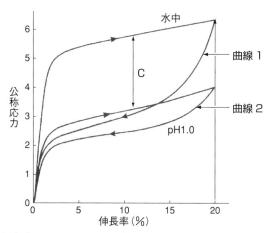

図8.7　20℃蒸留水中のヒステレシス（曲線1）および pH1.0 の酸性溶液中のヒステレシス（曲線2）

伸長率0から20%歪み間での伸長と返しの速度は0.1%/min。pH1.0で可逆的なサイクルが示されるが，応力レベルは水中≫pH1.0。この条件では，塩結合（静電相互作用）の破壊が起こる（−COO⁻ イオン→−COOH）。また収縮応力は，水中 ≃pH1.0となり，疎水性相互作用は再生されるが，静電相互作用の再生はない。この簡単な実験は，IF分子（2量体間）の凝集力が疎水基相互作用によることを示唆している。

的性質から，20℃水中で元の構造を再生させるには，約20 h 水中で羊毛繊維を緩和させる必要があることがわかっている[1),9)]。これは，静電相互作用の再生が遅いことによっている。このことは，繊維を伸長する時にαヘリックスは伸長状態のβ鎖へ，そして収縮する時には静電相互作用なしに元に戻ることを意味する。水中で，降服領域まで伸長する力に対するエントロピー寄与は非常に小さく，内部エネルギー寄与が優勢であることが明らかにされている[11)]。したがって，収縮力は主として疎水性相互作用によって生じた自由エネルギー変化であると考えられている。

Feughelman[12)] は，降服領域の力学物性を次のようにまとめた。"水中におけるαケラチン繊維の力学的性質は主として，長さ方向に伸長する時，2相モデルのC相のαヘリックスの「ほぐれ」に一義的に依存する。また，収縮する時は，主としてC相のαヘリックスの再生に依存する。力学的に，長さ方

向の伸長に対してC相とM相は並列で，M相はC相のαヘリックスの「折
りたたみ」と「ほぐれ」の両者に対して粘性的抵抗を生じる。本質的に，伸長
および収縮する時，M相は「ゾル」状態にある。そして粘性は水分量依存で
ある"。

8.4　後降服領域の緩和特性

　Feughelman[12),13)] は，後降服領域の力学物性を広範囲にわたって詳細に研究
した。羊毛や毛髪繊維が室温・水中で降服領域（25〜30％歪み）を超えて伸
張された場合，応力−伸長関係は直線的に急速に「かたく」なる（図8.4中の
BC曲線参照）。20℃水中の羊毛に対して，直線関係は繊維が破断するおよそ
50％歪みの数％前まで続き，後降服領域における弾性率（直線の傾斜）の増
加分は約0.3〜0.4GPaである。この湿潤繊維の直径を基準にした値は，繊維
の水分含量に依存しないことがわかっている。しかし，急速に温度とともに変
化し，70℃では2から3倍の割合で減少する[12)]。また，後降服領域まで繊維を
伸長する時，急速に繊維が元の長さに戻るような力学的回復性が減少する[13)]。
Speakman[1)] は，後降服領域におけるαケラチン繊維の力学挙動は，ジスルフィ
ド架橋を含む共有結合網目から生じることを示した。ペプチド鎖を橋架けして
いるシスチン残基の力学物性への寄与は，文献の中で広範囲にわたって議論さ
れ，確証されている。また，αケラチン繊維のセット現象に重要な役割を担っ
ていることもわかっている。

8.5　力学モデル

8.5.1　2相モデル

　羊毛繊維の膨潤挙動から2相モデル[14)]が出されたが，ケラチンの力学物性を
説明するためにさらに二つの異なる構造モデルが提示された。一つは，均一に

架橋されたマトリックスと平行に配列したミクロフィブリルが伸長に抵抗するものである[15),16)]。マトリックス中で架橋網目を形成している鎖は，水中で伸長された繊維の降伏領域ではほとんど力を生じない。また，多くの研究者によって認められているように，降伏領域における一定応力は 2 相（α と β）の平衡の項で説明されている。つまり，α 鎖がほぐれて中間相が生成されるならば，降伏領域の応力レベルは下降するはずであるから，α 結晶の融解に続いて β 結晶を生成するとする一次相転移が有力である。すなわち，2 相間の自由エネルギー差によって一定の応力レベルが維持されている。また繊維の伸長は，「巻いた」α 相と「ほぐれた」β 相の構造間の割合を決定する。降伏と後降伏領域の間の応力転移点の近くで，絡み合いと架橋の存在によってマトリックス網目が束縛される。それゆえ，後降伏領域では応力が連続的に増加するとされる。このモデルは確かに単純ではあるが，その説明には問題があるように思われる[17)]。最も重要な問題点は，30％伸長で「すべての」マトリックスが伸長されねばならないという要求であるが，実際には X 線回折によって指摘されたように，約2/3のミクロフィブリルが「らせん」を巻いた α ヘリックス構造形態を取ってなお存在していることである。

8.5.2　X-zone，Y-zone モデル

　第 2 のモデル[14),18~21)]は，直列モデルである（図8.8）。ミクロフィブリルは，力学的に安定性を異にする二つのタイプの zone（X と Y 領域）を含むとする考えである。水中で繊維を伸長する時，マトリックスからの抵抗なしに X-zone の α ヘリックスはほぐれ，すべての X-zone の α ヘリックスは降伏領域で伸長され，応力は α と β 相間の自由エネルギー差から生じ，より高伸長率では Y-zone の α ヘリックスが相当の束縛応力を受けてほぐれると考える。伸長に対する抵抗力は，マトリックスの SS 結合の濃度から生じるとされ，図8.8に示されたようなモデルの表現になった。これに対して，直列モデルのような複雑さを導入する必要はないとの反論がある[15)]。

　高濃度の LiBr 溶液に浸漬された繊維に対して，直列モデルの説明は，

マトリックス

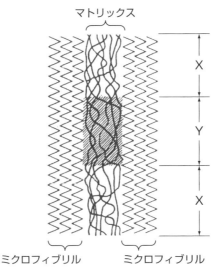

X

Y

X

ミクロフィブリル　　　ミクロフィブリル

図8.8　Feughelman の X-zone，Y-zone モデルの一つ

マトリックスは，架橋密度の高い Y-zone と低い X-zone が直列に配列されている。

X-zone は第1段過収縮に含まれ，Y-zone は第2段過収縮に相当すると考えられている。第1段過収縮状態および水中約30％伸長状態からの可逆的回復過程は，X-zone のみのほぐれが起こるという事実から説明されている。また，第2段過収縮の時，あるいは水中で後降伏領域まで伸長する時，両者の場合 Y-zone のほぐれが起こっている。これは，元の状態を安定化している共有結合が切断されるので，回復過程は不可逆となると考えた。その後，Feughelman[22)~24)]はこのモデルをさらに発展させた。

後降伏領域の高伸長率域では，Y-zone の α ヘリックスはかなりの抵抗を受けてほぐれる。最初は，マトリックス中のジスルフィド架橋している領域から抵抗力が生じると考えた。その後，ミクロフィブリルが伸長される時に生成する高い弾性率を持つ β 構造からも，反対方向の力が生じるとした[7)]。これまで，シリーズゾーンモデルの極端な場合が提示されている。① Y-zone はマトリックス内の共有結合によって安定化され，伸長抵抗を受ける。②ミクロフィブリ

ルどうしが直接結合して安定化される。および③後降服領域の伸長抵抗は，直接ミクロフィブリル構造自身から生じるとしている。したがって，今後，いずれかの場合に対して実験的証明が得られない限り，ゾーンモデルの進展はない。

Feughelman[13] は，Mandelkern ら[15]から X-zone，Y-zone 理論の批判を受けて，種々の測定条件下で得られた力学パラメータを用い，ゾーン理論の正当性を主張した。その後，Crewther[25] は，後降服領域における SH/SS 交換反応の重要性を，反応速度と伸長速度との関係から論じた。

8.5.3　Feughelman の拡張 2 相モデル

Feughelman は，ケラチン繊維の力学に，ミクロフィブリル＋水和マトリックス（IFs＋KAP・H_2O）系からなる拡張 2 相モデルを提示した（図8.9(a)(b)に模式的に示される）[12],[26]。繊維が伸長される時，長さ x に相当する部分から β

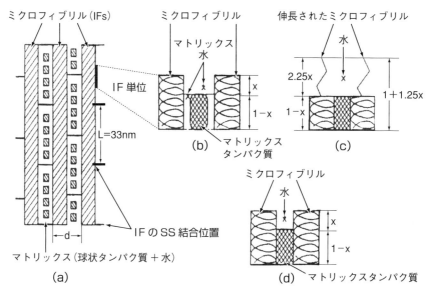

(a)

(b)

(c)

(d)

図8.9　ミクロフィブリル＋マトリックスの伸長にマトリックス・水が係わるモデル

羊毛繊維のマクロ伸長では，分子構造間のみならず，超分子構造間の相互作用が関係するという新しい考えで，ケラチンの階層構造と物性の係わりを最初に指摘した。

結晶が生成される。β結晶の長さはα結晶の2.25倍となるので（第7章　表7.1
参照），後降服領域の開始する29.6％では，0.245と計算され，前者の値にほ
ぼ一致する（図8.9(c)）。この点で水は構造外に排出され，マトリックスはミ
クロフィブリル（1-x）の間に詰め込まれ，後降服領域ではマトリックス領域
が伸長されることになり（図8.9(d)），伸長に伴って応力が急に増加する。

　繊維を伸長する時，X-zone に位置する IF 内のα鎖はβ鎖に転移し，βプ
リーツドシート結晶を形成する。一方，繊維軸方向に配向した IF 結晶間に平
行に配置されている水和膨潤した球状マトリックスタンパク質は圧縮を受け，
絞り出された水によってβプリーツドシート結晶は取り囲まれる。そして，α
→β転移を直接受けていない残余の IF 結晶間には，圧縮され脱水された球状
マトリックスが取り残されることになる。降服領域を超える伸長に対して，脱
水され高い緩和弾性率を持つ非水和マトリックスと IF との相互作用によって
IF 鎖の「ほぐれ」が妨害される結果，後降服領域の弾性率が増加するという
力学モデルである。

　このモデルは，羊毛繊維のマクロ伸長では，分子構造間のみならず超分子構
造間の相互作用が大きく関係するとした。また，回復過程で大きく寄与する疎
水性相互作用は，伸長β鎖の周囲の水の存在によって再生される。しかし，
Feughelman[12] は，球状マトリックスの性状として親水性表面を持ち，疎水性
の内部構造を持つ物質と仮定しているので，水中における膨潤と伸長による圧
縮からの脱水過程を容易に肯定することはできない。

8.5.4　Wortmann & Zahn モデル

　Wortmann と Zahn は[27]，強伸度曲線の分子機構を IF 構造（第1章　図1.12
参照）にもとづいて提示した（図8.9(b)）。フック領域はα結晶の変形，降服
領域はα→β転移を伴う変形，後降服領域は SS 結合の寄与による変形とする
Feughelman のゾーンモデルを精密化した（図8.10）。20℃水中では，羊毛は
60〜70％伸長で破断するが，100℃では100％，また還元羊毛では130％で破断
すること，さらに後降服領域に移る伸長率は20℃水中で30％，100℃で変曲点

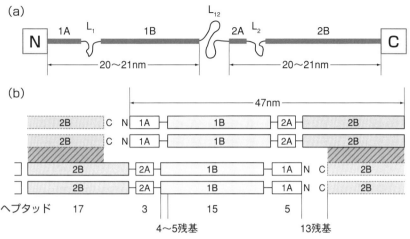

図8.10　Wortmann & Zahn モデル

Feughelman のゾーンモデルを精密化し，IF分子のセグメントの振る舞いとして変形を扱ったもので，マトリックスの寄与については明確ではない。

は観測されない。これらのデータから降伏領域では，全ヘプタッド（40 hep）のうち1A + 2A セグメントだけが伸長されて，β結晶に転移すると仮定する時に25%［= 125（8 hep/40 hep）］変形されることになり，相当する羊毛の変形量と一致する。切断伸度の60〜70%は全セグメント（40 hep）の50〜60%（逆算して，60/125 = 48%〜70/125 = 56%）の変形に相当する。100℃では，IF を構成する1A + 2A + 2B + 1B のすべてのセグメントが変形する。このモデルは，IF 鎖の伸長のみによる変形であり，羊毛の40%，毛髪の50%を占める KAP の関与については示されていないので，容易には受け入れられない。

8.6　マトリックスによる IF の水和抑制モデル

　ケラチンの一般的な力学理論では，IFs の性質に支配されるが，IF － マトリックスとの相互作用における密接な関係があるので，IF とマトリックス成分の力学的寄与を切り離して考えることは極度に困難である。マトリックス成

分不在の IF からなるウナギ粘糸のナノ力学から，α ケラチン繊維の水和と架橋が弾性率，降服応力および伸長率におよぼす影響を予測し，曲げと IF の滑りを議論した Fudge らの論文がある[28),29)]。マトリックス不在のケラチンモデルとしてヌタウナギの粘糸の力学測定を行い，水和した硬 α ケラチンの IF フィラメントが，部分的に水和した状態で維持されるという仮定が検証された。乾燥状態の IFs が，水和した硬 α ケラチンの性質に類似した力学的性質を持ち，水中における硬 α ケラチンよりいっそう膨潤することがわかった。粘糸の力学的性質と膨潤度との関係から，弾性的なケラチンマトリックスは IF の膨潤抑制と IF の剛性を維持する役割を果たしていると予測した。この洞察は，Feughelman の拡張 2 相モデルと類似している ［第40回 繊維応用技術研究会資料集，pp. 19-36，2010.3.18，ホテルアウィーナ大阪）参照］。

—— 参 考 文 献 ——

1) J. B. Speakman；*J. Text. Inst.*, **18**, T431（1927）
2) M. Feughelman；*J. Text. Inst.*, **45**, T630（1954）
3) W. T. Astbury, J. W. Haggith；*Biochim Biophys. Acta*, **10**, 483（1953）
4) J. S. Collins, M. Chaikin；*Textile Res. J.*, **35**, 777（1965）
　 J. S. Collins, M. Chaikin；*Nature*, **179**, 535（1957）
5) L. Kreplak, J. Doucet, P. Dumasm and F. Briki；*Biophys. J.*, **87**, 640（2004）
6) T. Kondo, T. Tagawa and M. Horio；Proc. 5th Inter. Wool Text. Res. Conf., Berkeley, pp. 879-886（1975）
7) M. Feughelman；Symp. Fibrous Proteins, p. 397, Butterworths Publishers, Sydney, Australia（1967）
8) M. Feughelman, M. S. Robinson；*Textile Res. J.*, **41**, 469（1971）
9) J. B. Speakman；*Trans. Faraday Soc.*, **25**, 92（1929）
10) M. Feughelman；*J. Macromol. Sci. Phys.*, **B7**(3), 569（1973）
11) L. Peter, H. J. Woods；Mechanical Properties of Textile Fibres（ed.；R. Meredith）, North Holland Publishing, Amsterdam（1956）
12) M. Feughelman；*J. Appl. Polym. Sci.*, **83**, 489-507（2002）
13) M. Feughelman；*Textile Res. J.*, **34**, 539（1964）
14) M. Feughelman；*J. Text.Inst.* **59**, T548（1968）
15) M. Mandelkern, J. C. Halpin, A. F. Diorio and A. S. Posner；*J. Amer. Chem. Soc.*, **84**, 1383（1962）

16) W. G. Crewther, L. M. Dowling；*Textile Res. J.*, **29**, 541（1951）
17) M. Feughelman, A. R. Haly；*Kolloid-Z.*, **168** 107（1960）
18) M. Feughelman；*Textile Res. J.*, **32**, 223（1962）
19) M. Feughelman, A. R. Haly；*Kolloid-Z.*, **168**, 107（1960）
20) M. Feughelman；*Textile Res. J.*, **33**, 1013（1963）
21) M. Feughelman, A. R. Haly；*Biochim. Biophys. Acta*, **32**, 596（1959）
22) M. Feughelman, P. J. Reis；*Textile Res. J.*, **37**, 334（1967）
23) M. Feughelman, A. R. Haly and P. Mason；*Nature*, **196**, 957（1962）
24) M. Feughelman；*Textile Res. J.*, **32**, 223（1962）
25) W. G. Crewther；*Textile Res. J.*, **35**, 867-877（1965）
26) M. Feughelman, R. Griffith；Proc. 9th Inter. Wool Text. Res. Conf., Biella, vol.2, pp. 31-43（1995）
27) F. -J. Wortmann, H. Zahn；*Textile Res. J.*, **64**, 737（1994）
28) D. S. Fudge, J. M. Gosline；*Proc. Royal Soc. London*, B 271, 291（2004）
29) D. S. Fudge, K. H. Gardner, V. T. Forsyth, C. Riekel and J. M. Gosline；*Biophys. J.*, **85**, 2015（2003）

第9章

力学的性質を制御する階層構造モデル

9.1　力学モデルの限界

　前章で，羊毛や毛髪の応力－歪み（ひずみ）曲線の解釈について，過去50年にわたって学問上の論争になった主な三つの異なるモデルを引用して説明を行ったが，他に記述すべき二つのモデルがある。一つは Crewther モデルである[1]。多量の分子内 SS 結合を含む球状マトリックスタンパク質の間に存在する，少数の分子間 SS 結合により連結された巨大網目は，30％以上の伸長で応力が生じ，後降服領域の傾斜（弾性率）に寄与するというものである。もう一つは Hearle モデルで[2]，IF の α ヘリックスが「ほどける」と，応力がマトリックスを構成する高架橋密度の網目鎖に転移し，マトリックスからの応力が後降服に寄与するとする説である。α ヘリックスの「ほどける」最初の段階で，α 結晶の破壊（A 状態）→収縮→β 結晶核の生成（活性化状態のエネルギーレベル，ΔF）→β 結晶の生成（B 状態）→α と β 結晶の共存の過程を踏むとし，共存過程にある降服領域で一定に維持される平衡応力（f_{eq}）は，伸長による長さ変化［$\Delta \ell$：B(β)状態と A(α)状態にある単位セグメントの長さの差］に伴う自由エネルギー変化 ΔF^*（$= F_B - F_A$），T，V 一定で $f_{eq} = \partial F^* / \partial \ell$ であるとし（第4章参照），$\alpha \rightarrow \beta$ 転移を結晶転移（一次相転移）として扱った。

一次相転移の考え方は，これまで多くの研究者からも受け入れられているが，第7章 7.5節に引用した Cao の論文では，降服領域は高分子に見られる粘弾性的なネッキング現象であるとする主張があり，なお未解明の問題として残されている。マトリックス成分の後降服への寄与も単純ではなく，変形に係わる架橋結合の種類や数についての情報が必要である。

9.2　IF＋KAP構造におけるSS架橋の種類，位置，分布および架橋数

表9.1に，IF 分子鎖のロッドおよび末端領域にある SS 架橋の種類と位置を特定し，5種類に分類した[3]（第5章 表5.7参照）。なお，表9.1最後の3行に示したように，IF タンパク質の全 SS 結合数 $[SS]_{tot}$ は，他の研究者，Fraser ら[4]および Gillespie[5] の値とほぼ一致する。また，IF の架橋分布を図9.1に模式的に示す。ここで，架橋は N-および C-末端の両側に便宜的に等配分された（第5章 図5.14参照）。IF ロッドと N,C 末端領域にある 4 mol の分子内架橋はループを形成するが，網目弾性に寄与しない位置にあるので，ロッドの N-末端側の 1A 領域と C-末端側の 2B 領域に二つのサイトが等分に置かれた[3]。

表9.1　IF 鎖のロッドおよび末端領域における SS 架橋の種類と位置および架橋数[3],[9]

架橋の種類	架橋の位置	架橋数	
		$\mu mol/g \cdot IF$	Residues/分子
分子間，$[SS]_{inter}$	IF ロッド－ロッド間	33	3
	N,C 末端鎖 － N,C 末端鎖間	79	8
	N,C 末端鎖 － KAP 間	23	2
分子内，$[SS]_{intra}$	IF ロッド/N,C 末端鎖	39	4
	N,C 末端鎖/N,C 末端鎖	39	4
$[SS]_{tot} =$ $[SS]_{inter} + [SS]_{intra}$	IF 全体（膨潤繊維の伸長解析）	213	21
$[SS]_{tot}$[4]	Type I(2), Type II(2)平均値（遺伝子工学）	220	22
$[SS]_{tot}$[5]	低イオウタンパク質（アミノ酸分析）	200	20

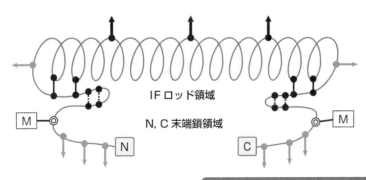

: IFロッド間結合（3mol）

: IFロッド／N, C末端鎖分子内結合（4mol）

: N, C末端鎖間結合（8mol）

: N, C末端鎖分子内結合（4mol）

: N, C末端鎖−KAP間結合（2mol）

IF分子におけるSS結合の反応性の順序
$[SS]_{E\text{-}KAP} > [SS]_{E\text{-}E} > [SS]_{R/E} \gg [SS]_{R\text{-}R}$
E-KAP：末端鎖とKAP間
E-E：末端鎖間
R/E：IFロッドと末端鎖内
R-R：IFロッド間

図9.1　表9.1のIF鎖のロッドおよびN, C末端領域における架橋の位置と配置[3), 9)]

ここでは，N, C末端鎖に存在する全架橋数（18 mol）N-およびC-末端領域に便宜的に等配分した。

　しかし，1A領域には，SS結合サイトを持つタンパク質分子は，TypeⅠおよびTypeⅡタンパク質を通じて，ほとんど存在しないので，モデルとしてN-末端に2 molを配置できない[4)]。それゆえ，架橋サイトが多数存在する2Bセグメント側にこれらを移し，2BセグメントのC-末端側に4 molを配置することが妥当である。

　図9.2に，IF分子4量体と毛髪マトリックス（KAP）の配列模式図を示す。図9.2(a)は，IF鎖単量体の模式図である。1Aと1Bからなるセグメント1と，2A/L_2と2Bからなるセグメント2のαヘリックス鎖が，L_{12}の非ヘリックス鎖により両セグメントが結合し，長さ46.1 nmのロッド領域を形成する[6)~8)]。図9.2(b)(c)は，IF分子2 molが逆平行に配列した4量体に，KAP凝集体（図9.2(d)）が直列に結合した（IF＋KAP）構造単位の配列模式図である[3), 9)]。図では，KAP凝集体は4量体間に描かれているが，IF4量体表面あるいはミクロフィブリル（16 mol IF分子）の周囲（後出の図9.13参照）に存在する。図9.2(b)

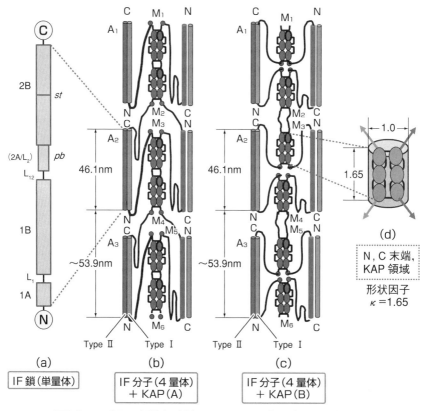

図9.2　IF分子4量体と毛髪マトリックス（KAP）の配列模式図

(a) IF鎖単量体の模式図で，1Aと1Bからなるセグメント1と2A/L$_2$と2Bからなるセグメント2のαヘリックス鎖が，L$_{12}$の非ヘリックス鎖により両セグメントが連結される。2Bのstは，「あともどり」といわれ，ヘプタッドの規則的配列が保存されてない場所である。また，2A + L$_2$部分はコイルド－コイルの形態を取らず，一対のαヘリックスの平行鎖（pair bundle）からなる部分（pb）がある。

(b) IF分子，Type ⅠおよびType Ⅱの平行配列からなるヘテロ2量体（A$_1$）当たりKAP凝集体（M$_1$, M$_2$）の2組（2×6 mol KAP分子）が位置している。IF鎖（A$_1$〜A$_3$）とKAP凝集体（M$_1$〜M$_6$）とは互いに直列結合様式を取る。このようなKAP凝集体の配列を，A配列と命名する。

(c)は，(b)とKAPの配列が異なるが，IFの伸長に対するKAP凝集体の応答は異なる。この配列をB配列と命名する。ここでは，AおよびB配列の両者にKAP凝集体はN，C末端鎖と2量体間に描かれているが，実際は4量体表面に存在し，IFを保護している。

(d) KAP分子6 molの凝集体円筒モデルで，直径1に対して高さ1.65の大きさを持ち，形状因子κとして求められる（第4章参照）。

および(c)は，マトリックス凝集体配列モデル(A)および(B)で，IF 4 量体との相対位置が異なる。(B)モデルの IF 分子（A_1-A_2-A_3）を下方に伸長する時，マトリックス M_2-M_3 の組は上方に移動し，M_4-M_5 は下方に移動するので，移動距離が互いに相殺されるような配列となり，N，C 末端鎖を介して移動する IF と KAP 凝集体との相互作用が少ないことが予測される。これに対して，(A)モデルの伸長では，すべての KAP 凝集体は IF 分子の伸長方向に移動するので，系全体のスムーズな伸長は保障されないであろう。モデル(B)の配列が，より適しているように思われる。

KAP 分子表面の，〜 4 mol の SH サイトを通じて，互いに SS 結合した 6 mol の KAP 分子集合体は，形状因子 $\kappa = 1.65$ の円筒状粒子として存在する。ここで，IF 分子（2 量体）および KAP 分子の平均分子量をそれぞれ 10^5 および 20,000 と仮定し，コルテックスに占める IF および KAP の体積分率をそれぞれ（$1 - \phi'_{d0}$）および ϕ'_{d0} とすれば，1 mol の IF 分子（2 量体）に対して等価な KAP 分子のモル数 P は，式9.1によって示される。

$$P = 10^5 \phi'_{d0} / \{20,000(1 - \phi'_{d0})\} \cdots\cdots\cdots （式9.1）$$

毛髪では，$\phi'_{d0} = 0.565$ の値が得られているので，$P = 6.4$ mol と計算される[9]。46.1 nm の単位長さ[10]の IF 鎖に，約 6 個の KAP 分子が存在することになる（第 5 章 5.7.1項 図5.7参照）。羊毛では，$\phi'_{d0} = 0.379$，$P = 3.1$ mol の値が得られている。これは，毛髪の1/2程度に相当する。図9.2(b)，(c)のように，IF 4 量体を IFs の基本構造単位と仮定すれば，IF 分子当たり KAP 集合体 2 単位，すなわち KAP 集合体表面の SS サイトに，互いに長鎖分子によって連結されていると考えられる。

毛髪繊維が伸長される時，繊維軸と平行に配列した IF 分子が伸長されるが，直列に結合した IF ロッドと KAP 集合体は，隣接したすべての N，C 末端鎖と「もつれ」を生じないであろう。水分子の存在下では，IF 鎖のスムーズな「ほぐれ（unfolding）」が起こり，KAP 分子に過剰な歪みを生じることはなく，末端鎖網目と凝集体は，IF 分子表面を取り囲み，IF 分子の unfolding を妨害

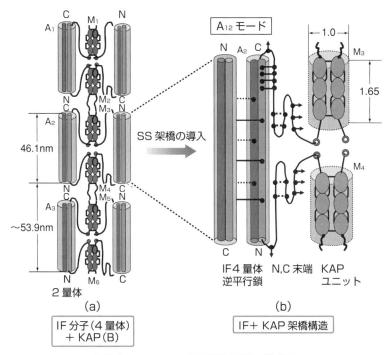

図9.3　IF＋KAP の配列と架橋の模式図

(a)は図9.2(c)と同じ B 配列の直列4量体モデルである。

(b)は，4量体架橋モデルで隣接した IF − IF ロッド間架橋（3 mol）および単量体に帰属する N,C 末端鎖の全架橋数（18 mol）を図9.1と同じ記号で示した。IF ロッド/N-末端鎖分子内架橋について，IF の N-末端領域（1A セグメント）に架橋サイトを持つ IF タンパク質はほとんどないことがわかっているので，C-末端領域に4 mol のすべてを移動させた。8 mol の N,C 末端鎖の分子間架橋について，横方向に隣接する末端鎖（異なる IF 鎖に帰属）どうしの架橋結合が形成される（結合の方向を横方向の→で示す）。横方向の架橋は，IF 分子（ロッド部分）を束ねるのに適しているが，縦方向の架橋は，IF 分子を伸長する時に網目を切断されねばならない。図で，2量体の配置は A_{12} モードとした。なお，A_2 と M_3 および M_4 の IF ＋ KAP 構造単位に対してのみ架橋を記した。

しないと思われる。

　図9.3(b)は，図9.3(a)の4量体モデル（図9.2(c)と同じ）に表9.1および図9.2で示した IF 鎖に帰属する種々の SS 架橋と架橋数を導入した模式図である。IF ロッド領域に存在する3 mol の SS 架橋は，隣接する Type Ⅱ のロッド領域

との間には立体化学的な理由で架橋は存在しないことがわかっているので，逆平行に配列した隣接 IF 分子（2 量体）との間に結合が形成されるはずである。図9.3(a)の右側の 2 量体を便宜的に左側に移動し，2 量体ロッド領域間にある 3 mol の SS 架橋を実線（●—）で示した。隣接した 2 量体（コイルド－コイル分子）のいずれと結合しているかは明らかではないが，Type Ⅱの 3 mol の SS 結合も隣の 2 量体と結ばれているので，コイルド－コイル 2 量体は都合 6 個の結合で隣接した 2 量体としっかり結合している。次に，点線（●⋯●）で示した 4 mol の N,C 末端鎖の分子内架橋は，図9.4のような Pro 残基を含む (Cys-X-Y(Pro)-Z-Cys)$_n$ の 5 ペプチドからなる β ベンド（bend）構造と考えられる[4]（第 1 章　図1.12参照）。また，N,C 末端鎖に存在する 8 mol の分子間架橋は矢印（●→）で指示される。これら架橋の相手の末端鎖がいずれの IF 鎖に帰属しているかは明らかではないが，IF 分子集合体は N,C 末端鎖の作る網目によって覆われ，さらに網目鎖の外側に位置する KAP 凝集体の存在によって保護されている。最後に，2 mol の KAP 凝集体との架橋（◎→）について，N-末端鎖および C-末端鎖と KAP 間の各結合は，同じ KAP 凝集体と結合して閉じた環構造を形成することはなく，末端鎖と KAP 凝集体は直列に結合すると考えられている[3]。

　IF 分子の配列には 4 種のモードがある[10),11]。逆平行に配列した 2 量体の縦方向の相対位置に関して1B-1B セグメント位置が揃った配列 A$_{11}$，1B-2B セグ

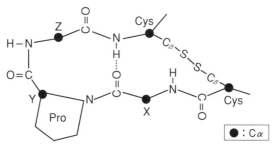

図9.4　プロリン残基を含むβベンド構造の模式図[6]

メント位置が揃った配列 A_{12}，2B-2B 位置で対応する配列 A_{22}，および IF 鎖の直列配列 A_{CN} の 4 種である。図9.3の配列は A_{12} モードである。4 量体が基本構造単位の場合，C-末端における嵩高な 4 mol の分子内架橋領域が IF 分子相互の結晶学的充填を完全に排除するとは思われないが，8 量体では立体的要求がさらに厳しくなるに違いない。

図9.5(a)に，A_{11} モードの配列模式図を示す。C-末端側の架橋領域は，隣接した IF 間の空間領域にパッキングされるように思われる。図9.5(b)は，16 mol の IF 分子の周囲を KAP 分子が取り巻いている模式図で，N,C 末端鎖は両者

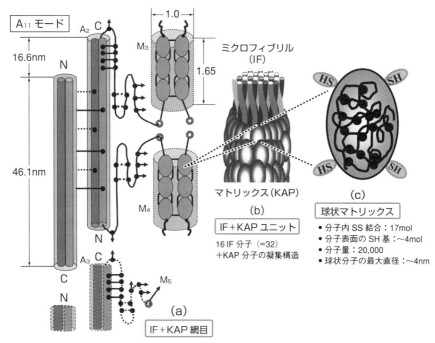

図9.5　ミクロフィブリル＋マトリックス（IF ＋ KAP）ユニットと 4 量体（IF ＋ KAP）の架橋構造との関係

(a)IF ＋ KAP 網目で，図9.3(b)の A_{12} モードを A_{11} モードの IF 分子配置にすると，C-末端の嵩高な架橋領域は，隣接分子間の空間に充填される。
(b)32 mol の IF 鎖集合体（ミクロフィブリル）と球状マトリックス（KAP）の模式図。
(c)KAP 分子内の SS 架橋数（17 mol）と最大直径〜 4 nm の球状タンパク質モデル。

の境界領域に網目を形成し，水分子の存在によりコイルドーコイル分子鎖間の疎水性相互作用の発現に寄与するとされている（9.4節参照）。図9.5(c)は，球状のKAPタンパク質である。KAP間のSS架橋結合数 N_{inter} およびKAP分子内の架橋数 N_{intra} は，それぞれ式9.2および式9.3で示される。

$$N_{inter} = 10^6 M_{ave}[\text{SS}]_{inter} \cdots\cdots （式9.2）$$

$$N_{intra} = 10^6 M_{ave}[\text{SS}]_{intra} \cdots\cdots （式9.3）$$

ここで，毛髪の場合，$[\text{SS}]_{inter} = 115\,\mu\text{mol/g}$（KAPタンパク質1g当たり），KAP分子の分子量 $M_{ave} = 20{,}000$，$[\text{SS}]_{intra} = 851\,\mu\text{mol/g}$ である。

KAP分子間SS架橋数は，2.3 mol/分子と計算される。したがって，分子当たりのサイト数＝2.3×2＝4.6≈4〜5 mol/分子である（この章に掲げたモデルでは，4 mol/分子で計算した）。また，分子内SS架橋数は17 mol/分子の値が得られ，図9.5(c)の模式図に●で示した。これに対して，羊毛では，$[\text{SS}]_{intra}$ ＝666 μmol/gであり，分子内架橋数は13.3≈13 mol/分子である（第5章参照）。

分子量20,000の球状タンパク質のサイズは，分子の最大直径が〜4 nmとされている[12]。凝集体2単位の長さは24 nm（＝6×4 nm）である。この値は，IF鎖の長さ46.1 nmの約1/2に過ぎない。このことから，凝集体は密な凝集体ではなく，KAP分子間はSHサイトを通じて長鎖タンパク質により連結されていると考えられる。

9.3　パーマ処理による還元位置と再酸化による構造再生

9.3.1　わからないパーマの機構

髪にウェーブをつけたりストレートにしたりするいわゆるセット施術は，美容界において重要な地歩を占めているが，過去50年にもわたってコールドパーマの長い歴史があるにもかかわらず，その機構は未だよくわかっていない。毛髪をカーラーに巻いて還元剤に浸し，水洗し，最後に酸化剤で処理するだけの

簡単な操作と化学反応で，パーマ処理が行われている。還元反応はシスチン（SS）結合を切断し，還元性の−SH基を生成する反応である。還元剤としてチオグリコール酸（TGA）を用いれば，ケラチンコルテックス組織を構成するIFおよびKAP成分中のすべてのSS結合をほぼ完全に切断することができる[5]。そのような条件で還元剤を作用させたら大変なことになるので，理想的にはパーマによって美しくなるような形にセットするのに最も必要な，一部のSS結合のみを還元する条件で処理すればよいわけである。SS結合そのものには，cis, trans, gauche コンフォメーションの問題は別にして，何の違いもないが，結合の存在する場所，たとえば α ヘリックスを巻いて規則的配列をした結晶部分や，逆に非晶性であっても硬い組織のマトリックス部分など，構造の違いによって還元速度に差が生じるのは当然である。また，SS結合の周りのイオン雰囲気，たとえばカルボキシル基（−COOH）リッチの場合，アニオン性の−COOH基を持つ還元剤が接近するより，カチオン性のアミノ基（$-NH_2$）の方がより容易に近づくことが可能であり，周辺領域の還元剤濃度が高くなり，結果として高い反応性を示すと期待される。このような定性的な問題ではなく，もっと具体的に，「還元するに必要なSS結合」は，一体どこにあるのか？どのようにしたら，そのSS結合を還元できるのか？そして，再び酸化によって結合を必要な場所で再生できるのか？何一つとしてほとんどわかっていないのが現状である。

9.3.2　パーマ処理による架橋構造の変化

　図9.6(a)に，未処理毛髪および通常のパーマ処理条件に近いチオグリコール酸（TGA）還元と，それに続く酸化処理試料を第4章の方法で膨潤させた繊維の強伸度曲線を示す。還元膨潤繊維のずり弾性率 G は，未処理膨潤試料に比較して急減するが，これに対して，再酸化（還元後酸化）処理繊維の値はかなり増加する。しかし，回復率は未処理の1/2以下に過ぎない。還元によるSS結合の切断と，酸化によるSS結合の再生によっていることは明らかである。図9.6(b)〜(e)は，直列二相モデルを用いて解析された結果である（第5章参

(a) 膨潤毛髪の強伸度曲線

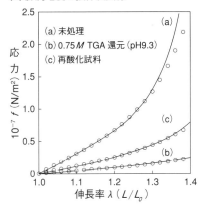

(a) 未処理
(b) 0.75 *M* TGA 還元 (pH9.3)
(c) 再酸化試料

(b) ずり弾性率 *G* と TGA 濃度の関係

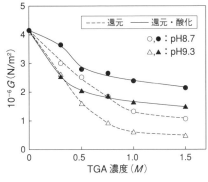

(c) IF 鎖の分子間 SS 架橋数

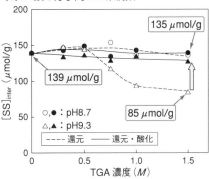

(d) KAP ドメインの体積分率

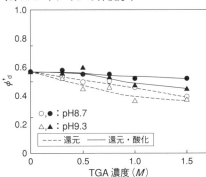

(e) KAP ドメインの形状因子 *κ* と TGA 濃度

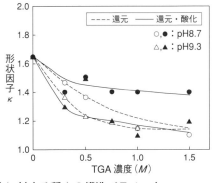

図9.6　パーマ処理毛髪の SS 結合に対する種々の構造パラメータ

照）。膨潤繊維のずり弾性率 G は，網目構造の種々の要因によって影響される。すなわち，① IF 鎖の分子間架橋数 $[SS]_{inter}$（図9.6(c)），② KAP ドメインの体積分率 ϕ'_d（図9.6(d)）および③ KAP ドメインの形状因子 κ（図9.6(e)）である。

図9.6(c)に示した未処理毛髪の IF 鎖の分子間架橋数（$= 10^{-6}/2M_c$：ここで M_c は架橋間分子量，g/mol）は，IF タンパク質 1 g 当たり139 μmol である。緩和な還元条件の場合，未処理と同程度でほとんど変化はなく，TGA によって還元されない。これに対して強い還元条件，たとえば TGA 濃度1.5M，pH9.3では，54 μmol/g の SS 結合が切断され，架橋数は85 μmol/g（未処理の61％）に減少するが，再酸化によって135 μmol/g（97％）に回復する。

図9.6(d)に見られる，ドメイン体積の緩やかでわずかな減少は，KAP 分子内架橋数の減少によると思われる。これは，親水性の TGA が疎水性の分子内 SS 結合の還元反応に対して抑制的に作用する結果と思われる。これに対して，図9.6(e)の KAP 構造に関係する因子のうち，凝集体ドメインの形状因子 κ の変化は，G vs. TGA 濃度変化（図9.6(a)）に極めて類似し，κ 値が G 値に大きく影響していることが示唆される。これは，親水性の KAP 分子表面の SS 結合の TGA に対する高い反応性により，KAP 凝集体が分裂した結果と思われる。また，酸化過程を経ても元の形態への構造再生は起きないことが明らかである。注目すべきは，κ 以外の他の構造因子は，還元により多かれ少なかれ変動するが，再酸化によって大きく回復する傾向を示すことである。また，興味あることとしては，規則構造からなるロッド領域間に形成される N,C 末端鎖網目の著しい還元切断が生じても，酸化により SS 結合の再生が起こり，容易に元のコンフォメーションに回復することである。これに対して，球状マトリックス凝集体間に存在する SS 基が破壊されると，KAP 凝集体の形状回復は困難であることが示唆される[9]。

毛髪の TGA 還元により切断される主な SS 結合の位置および生成されるスルヒドリル（SH）基やミックス（混合）ジスルフィド基を図9.7に模式的に示

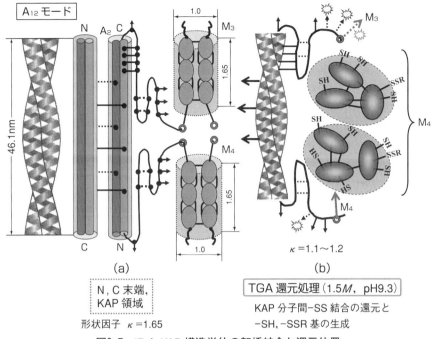

図9.7 IF ＋ KAP 構造単位の架橋結合と還元位置

(a) A_{11} モードの IF 配列と N,C 末端鎖に結合する KAP 凝集体 M_3 および M_2（ここでは記述されない）。

(b) TGA 還元を受ける IF および KAP 構造に存在する SS 結合の位置および種々の還元生成物，(•••▶) 還元を受けた SS 結合，生成されたスルヒドリル基，－SH および混合ジスルフィド基，－SSR（R：－CH₂COOH）。

す[13]。図9.7(a)は，便宜的に A_{11} モードによるコイルド－コイル 2 量体の配列と，Type Ⅰ の IF 鎖および KAP 凝集体（6分子）間の SS 結合の位置を示す。用いた実験条件のうち，最も強い TGA 還元処理（1.5M, pH9.3）によって，3 mol のコイルド－コイル間 SS 結合は安定で還元されないが，N,C 末端鎖の分子間結合のいくらかは切断される（点線の矢印と破壊マークで示す）。N,C 末端鎖の架橋点（◎）と KAP 間結合 2 mol（図では，C-末端鎖 － M_2，および N-末端鎖 － M_3 結合）は反応性が高く，両者は切断されやすいと考えられる[3]。また，KAP 凝集体を構成する KAP 分子表面の 4 mol の結合サイトのいくつか

は切断され，SH 基や混合ジスルフィド基（−SSR，R：CH₂COOH）を生成し，楕円体の形状は球状粒子に近い形態に変化する。なお，IF ロッド/C-末端鎖結合（4 mol）および末端鎖内結合（4 mol）が還元されるかどうかについては，分子内結合の切断の有無は G 値に影響しないので，膨潤体の伸長測定だけでは決定することはできないが，前者は，規則構造を持つロッド間架橋に類似の架橋環境であること，また後者は，折りたたみ β 鎖に特有な水素結合と周囲に疎水基を配置した構造（図9.4参照）を持ち，TGA 分子の接近が阻止されるので，これら分子内架橋が N,C 末端鎖分子間架橋に比べて還元されやすいとは思われない。

　図9.8に示すように，再酸化により N,C 末端鎖間および末端鎖 − KAP 間結

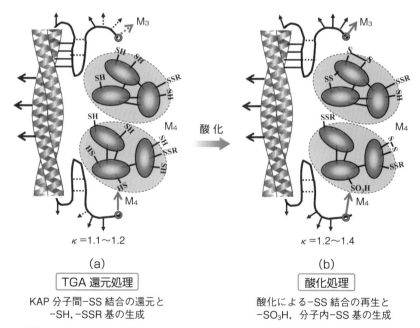

(a)
TGA 還元処理
KAP 分子間−SS 結合の還元と
−SH，−SSR 基の生成

(b)
酸化処理
酸化による−SS 結合の再生と
−SO₃H，分子内−SS 基の生成

図9.8　TGA により還元される SS 結合の位置と酸化による SS 結合の再生

(a)実験のうち最も強い条件での TGA 還元処理（1.5M，pH9.3）による IF および KAP 凝集体の還元位置（図9.7(b)参照）。
(b)酸化による SS 結合と，IF 網目構造の完全再生および KAP 凝集体の不規則配列。

合については，元の分子間架橋がほぼ完全に再生される。しかし，KAP凝集体については，①KAP分子表面におけるSH基の分子内SS架橋結合への変換，②SS基の酸化によるシステイン酸の生成[13),14)]および③混合ジスルフィド基の残存があり[13)]，KAP分子の再配列による元の凝集構造への回復は起こらない。

9.3.3 SS架橋の切断と毛髪の力学物性

図9.9に，パーマ処理毛髪繊維の水中強伸度曲線（O → A → B → Cで示される典型的な曲線，第8章参照）を示す[9)]。曲線(a)はpH8.7，曲線(b)はpH9.3で，数字は還元時のTGA濃度のモル数である。①は未処理，曲線②〜⑥に相当するモル数は，それぞれ，0.3，0.5，0.75，1.0，1.5Mである。TGA濃度やpHが増加すると，初期弾性率（O → A）の傾斜が急に下降し，毛髪の「かたさ」，つまり繊維を変形するのに必要な力は，未処理繊維と比べて非常に小さいことがわかる。また，C点の切断強度も減少し，pH9.3の強い還元条件の場合，未処理の約50%近くに下落する。これらの強伸度挙動は，パーマ処理によってマトリックス分子表面近傍の架橋が破壊されたために生じた力学的な

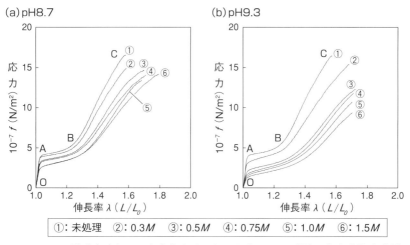

①：未処理　②：0.3M　③：0.5M　④：0.75M　⑤：1.0M　⑥：1.5M

図9.9　TGA濃度(M)とpHを変化させて処理したパーマ毛髪の水中強伸度曲線

ダメージと考えられる。SS架橋の切断が，ダメージに大きく関与することは明らかである。しかし，一般的には，繊維状物質の初期弾性率は，繊維軸方向に配向した結晶成分による弾性率支配が圧倒的に大きいといわれている。

9.3.4　毛髪繊維の結晶化度

図9.10に，毛髪およびパーマ処理毛髪繊維の赤道線方向における広角X線回折強度 I と回折角 2θ との関係を示す[15]。図9.10(a)は未処理毛髪を，また図9.10(b)は0.75M TGA（pH9.3）処理毛髪の回折強度曲線を示す。曲線のピーク分離は，ローレンツ分布を仮定して行った。曲線① $2\theta=9°$ のシャープな α ピーク，② $2\theta=19.3°$ の β ピーク，③ $2\theta=24°$ のブロードなアモルファスピーク，④ 2θ の測定範囲（ $5°<2\theta<35°$ ）では極大値を持たない4曲線に分けられる。結晶化度は， $2\theta=5\sim35°$ 範囲で，曲線①と 2θ 軸とに囲まれた

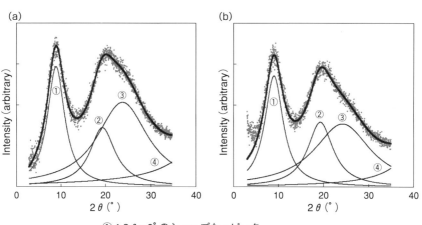

①： $2\theta=9°$ のシャープな α ピーク
②： $2\theta=19.3°$ の β ピーク
③： $2\theta=24°$ のブロードなアモルファスピーク
④： 2θ の測定範囲では極大値を持たない曲線

図9.10　毛髪およびパーマ処理毛髪繊維の赤道線方向における広角X線回折強度と回折角の関係

(a)未処理毛髪。
(b)0.75M TGA，pH9.3で処理された毛髪の赤道線方向におけるX線回折強度曲線（ピーク分離はローレンツ分布を仮定)[15]。

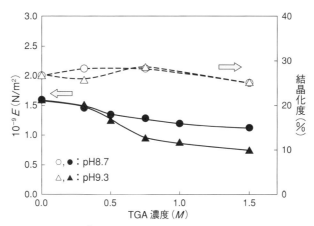

図9.11 水中弾性率 E（N/m^2）および結晶化度 I_a/I_{tot}（%）と TGA 濃度（M）との関係

面積 I_a に対する全反射面積強度 I_{tot} の％で示した。結果を図9.11に，TGA 濃度の関数として示す。また，図9.9の水中強伸度曲線における初期弾性率 E と，TGA 濃度との関係を併せて示す。結晶化度は，TGA 処理条件に依存せず，未処理の26.7±1.5％範囲にあり，処理により結晶の破壊は起こっていないにもかかわらず，弾性率の大きな減少がある。このことから，ケラチン繊維の強伸度曲線における伸長弾性率が結晶弾性率支配ではなく，マトリックスにおける SS 架橋結合に大きく関係することが明らかである。Wortmann ら[16]は，ケラチン繊維の弾性率は結晶弾性率支配ではなく，IF を包埋するマトリックス成分の SS 架橋密度が α 結晶の安定化に大きく寄与するとしているが，安定化の機構については明らかにされていない。

　毛髪繊維の初期弾性率（図9.9の傾斜 O → A）は，これまでの議論にもとづいて，IF の α ヘリックス領域の結晶弾性によるというよりは，むしろ KAP 分子間の SS 架橋結合の切断により大きな影響を受けることが明らかになった。これまで，ケラチンの構造と物性との関係では，過去80年にわたって多くの議論があり，多くの力学モデルが提示されているが，明解な解釈がなされるには至っていない。特に，羊毛や毛髪繊維の全体積に占める約35～50％の

マトリックス成分が，力学的にどう関与しているのか？ということについてわかっていない。

9.4　毛髪の膨潤に対する IF ＋ KAP 構造の応答

　図9.12に，IF＋KAP 単位の構造を示す。図9.12(a)の電顕写真（第 3 章　図 3.3参照）は，毛髪マクロフィブリルにおけるマトリックス物質に包埋された中間径フィラメント IFs の六方晶配列であり，また図9.12(b)は，IF 半径 R，IF 間距離 A_m および D_m の構造パラメータ間の関係を示す。Kreplak らの X 線回折測定から得られた乾燥（RH45％）状態と湿潤状態におけるパラメータの値を示す[17]。IF の膨潤は約 1 ％程度であるが，IF 間距離 A_m は16％増加し，$D_m (= A_m - 2R)$ は82％増加する。これらパラメータからミクロフィブリル（16 mol の IF 分子集合体）の断面積に対して，マトリックスの表面積 $S_{surf} [= (A_m^2$

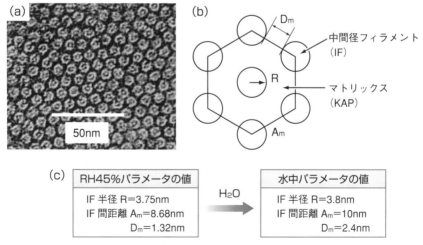

図9.12　IF ＋ KAP 構造単位の六方晶配列と水和膨潤による寸法変化

(a)電顕写真
(b)模式図
(c)RH45％と水中の IF 半径，IF 間距離 A_m および D_m

$\times\sqrt{3/2}) - \pi R^2]$ の増加率は約2倍に達することが明らかにされている[17]。このことから，IF 成分は膨潤によって強い圧縮応力を受けていることが示唆される。しかし，ケラチンの球状マトリックスは非常に高架橋密度（1/2シスチンとして，5残基に1個を含む）のタンパク質（第5章参照）で，マトリックス内部の疎水領域に水分子が容易に取り込まれるとはとても思われない。

　毛髪を濡らすと，IF ロッド領域と KAP との間に存在する N,C 末端鎖を挟んで，親水性の IF 表面と KAP 凝集体表面との間に水が入り込むと考えられる。この考えは，すでに Fudge と Gosline によって提示されている[18),19)]。水の存在位置については，4量体間や8量体間も議論されているが，よくわかっていない（第6章参照）。図9.13(c)に IF + KAP の断面を示す。円形の中心部分は IF 分子が集合したロッド領域で，多くの親水性側鎖を持つαヘリックス表面がロッド周辺部に現われ，タンパク質の水和相を形成する。その外側には N,C 末端鎖が位置しているが，さらにその外側に KAP 表面の作る水和相がある。N,C 末端鎖は親水性が高く KAP より膨潤するといわれている。親水性の TGA により，N,C 末端領域の多くの SS 結合は還元されるので，末端鎖が親

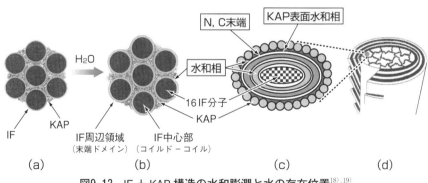

図9.13　IF + KAP 構造の水和膨潤と水の存在位置[18),19)]

(a)乾燥
(b)湿潤,状態の模式図
(c) IF + KAP の水和相と IF の16分子集合体モデル断面
(d)コルテックス（CO）を取り巻くキューティクル（CU）および2種の細胞膜複合体（CMC），すなわち CU-CU および CU-CO CMC

水領域を持つことも事実であるが，8c-1フラクションのアミノ酸シークエンス（第1章参照）や，他のType IおよびType IIケラチンタンパク質の末端鎖部分は多くの疎水性残基を含むので，適度な疎水的性質を持つと考えられる[20]。すなわち，水和タンパク質の2相は，疎水性タンパク質の網目で隔てられ，水分子はアイスバーグ（iceberg）を形成し，水和2相間の水素結合形成が妨害されるため，2相間相互作用は減少し，結果として末端鎖の分子運動性は増加すると考えられる。このような理由で，N,C末端鎖の存在は，IFとKAP間の滑りを容易にする方向に作用すると思われ，この2相の水和相とそれらを隔てるN,C末端鎖網目の存在は，毛髪の屈曲性や曲げても折れない強靭性に深く関係すると考えられる。図9.13(d)はコルテックスを取り巻くキューティクルおよび2種のCMCの位置についての模式図を示す（第2章参照）。IF成分はマトリックスの膨潤によって強い圧縮力を受けるが，IFの変形や構造破壊を阻止するためには外部圧との平衡が維持される必要がある。外部圧は，KAP凝集体自体のマクロ網目やN,C末端鎖網目の変形により生じる網目弾性力が考えられる。また，繊維全体では，コルテックス（CO）の外周部に位置するキューティクル（CU）近傍のCU-CU CMCあるいはCU-CO CMC細胞を取り巻くイソペプチド架橋結合を含む抵抗性膜に裏打ちされたCUの変形により発生する応力との平衡が生じると思われる。

9.5　階層構造と毛髪物性

　図9.14はIF ＋ KAPの長さ方向の構造である。αケラチン繊維の膨潤は，IF分子集合体（16 molのIF分子＝IFフィラメント）の水和による膨潤が起こり，IF分子の横方向への膨潤はマトリックスの圧縮によって抵抗を受けるとする考え方がある[18),19]。もし，水和2相を挟んだIFフィラメントの膨潤が，KAP凝集体の破壊によって不完全な圧縮になるなら，図9.15に示すように，IFの力学特性は失われるに違いない。図9.9および図9.11に示したように，水

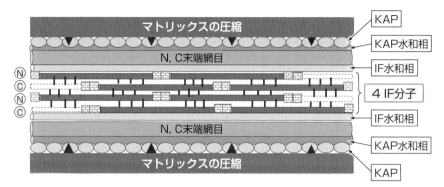

図9.14 IF ＋ KAP の横方向の構造［IF の 4 分子（プロトフィブリル）モデル］で KAP 集合体（マトリックス）による IF の均一圧縮

中における初期弾性率の減少の原因として理解できる。では，一体ミクロフィブリル円筒（IF）表面に生じる圧縮応力は，何によって生じるのか？ N,C 末端鎖網目の変形によって生じるような分子レベルの応力だけでは説明は困難であり，もっとマクロレベルの問題と思考される。図9.13⒟および図9.16の毛髪のマクロ構造に見られるように，コルテックス細胞は CMC に包まれており，さらに上位の「かたい」キューティクル細胞によって包まれた階層構造を取っている[21]。おそらく，マトリックスによる IF 構造の横方向への圧縮は，

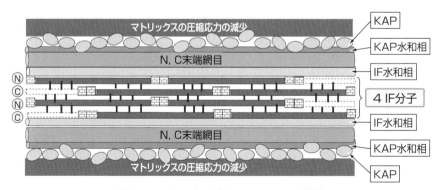

図9.15 パーマ処理後の IF ＋ KAP の構造
KAP 凝集体の不規則配列によるマトリックスの圧縮応力の減少。

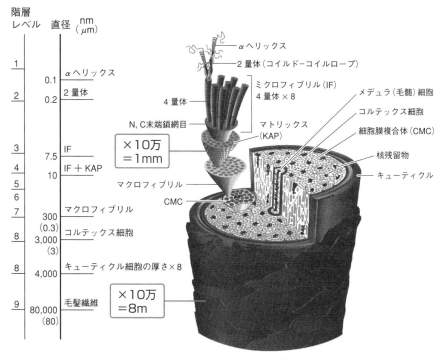

図9.16　毛髪の階層構造[21]

　αヘリックスを含むフィラメント（IF）タンパク質と，それを取り巻く非ヘリカルなマトリックスタンパク質（KAP = IFAP）の複合組織からなり，直径10 nmの IF + IFAP 構造単位が規則的に配列し，0.3 μm（= 300 nm）のマクロフィブリル（Ma）構造を形成し，さらに Ma が集合して 3 μm（= 3,000 nm）のコルテックス細胞を形成する。細胞膜複合体（CMC）によって区画された細胞は，集積されて直径80 μm の毛髪繊維となる。コルテックス細胞の外周部は，瓦状のキューティクル細胞によって覆われている。毛髪繊維を電子顕微鏡で10万倍に拡大すると直径 8 m になるが，IF + KAP の直径は 1 mm に相当する。パーマ処理によって受ける化学変化は，主として後者の構造領域に関係する。

　水中で最大16%膨潤する時，KAP 球状タンパク質分子間 SS 結合により形成されるマクロな網目の変形と，キューティクル組織の変形から協同して生じる外部圧によると思われる。毛髪の力学的な性能や機能は，ミクロからマクロまで 6 乗のオーダーの空間スケールにわたって，カスケード的に異なる階層に伝達される応力情報によって支えられている。毛髪ダメージの究極の問題が，

キューティクルのダメージの問題に帰着することを理解することが重要である。

9.6 ブリーチ処理

9.6.1 ブリーチ処理によるタンパク質の溶出

TGA パーマによる KAP 凝集体の構造破壊として，水中弾性率の減少を説明した。その根拠は，ゴム弾性解析における構造因子 κ 値の減少にもとづいて推論された結果である。しかし，KAP 凝集体の繊維内部での構造破壊を実証することは簡単ではない。ブリーチ処理により毛髪が変形する現象は，すでに指摘されている問題であるが，その機構は明らかにされていない。最近，

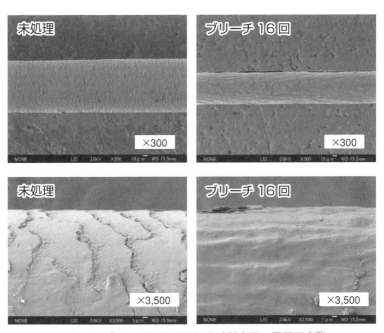

図9.17　ブリーチ処理16回処理毛髪表面の電顕写真[22]

（上）直径の減少，（下）表面の剥離

KAP 凝集体の破壊に続いて起こるタンパク質の繊維外部へ溶出する現象が，詳しく研究されている[22]。繰り返しブリーチ処理された毛髪の乾燥および水中強伸挙動を例に，図9.14のマトリックスによる IF の圧縮モデルの検証を行った。

　ブリーチ処理は，1剤と2剤を1：2で混合した溶液に，毛髪を浸漬（浴比1：20)，室温，30 min 処理後，1％ラウリル硫酸ナトリウム溶液で洗浄し水洗した後，60℃，5 min 間乾燥（ヘアドライヤー）した。この一連の過程を全16回繰り返した。ここで用いた1剤は，アンモニア：2.25 wt%，重炭酸アンモニウム：2.0 wt%，水酸化カリウム：0.5 wt% である。および2剤は，6 wt% 過酸化水素を用いた。

　図9.17に観察されるように，処理回数16回で毛髪繊維は細くなり，表面のキューティクルは剥離し，滑らかな CU-CO CMC の抵抗性膜表面が現われている。一方，図9.18に示されるように，ブリーチ処理によって IF の結晶成分量は変化せず，マトリックス成分がほぼ処理回数に比例して減少し，16回処理では元の存在量の約40％に低下することがわかる。

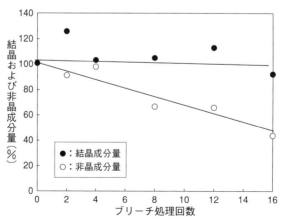

図9.18　ブリーチ処理毛髪の結晶および非晶成分量とブリーチ処理回数の関係

9.6.2　ブリーチ処理毛髪の力学物性

　図9.19に示すように，乾燥状態における毛髪の弾性率は，マトリックス成分が溶出しても変化せず一定値を示すが，水中弾性率（図9.20）はマトリックス成分が溶出するにつれて減少することから，マトリックスの溶出はミクロフィブリル（IF）の水和膨潤を起こすことを意味している。実際，図9.21に

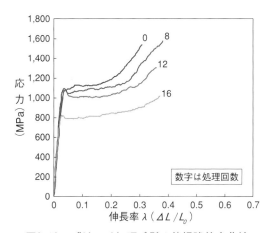

図9.19　ブリーチ処理毛髪の乾燥強伸度曲線

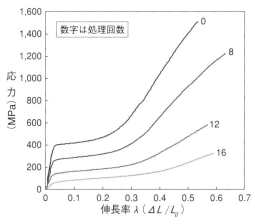

図9.20　ブリーチ処理毛髪の水中強伸度曲線

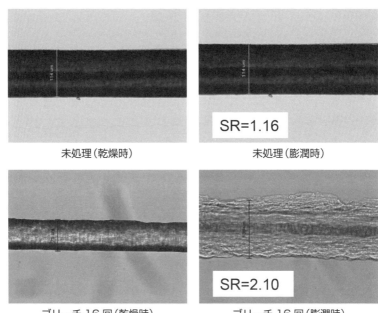

未処理（乾燥時）　　　　　　　　未処理（膨潤時）

ブリーチ16回（乾燥時）　　　　　ブリーチ16回（膨潤時）

図9.21　ブリーチ処理毛髪の水中における平衡膨潤率（SR）
未処理：1.18，ブリーチ16回：2.10

示すように，ブリーチ16回繊維は水中で5 min 以内に，ほぼ平衡膨潤率（SR）2.10に達する。これに対して毛髪のSR は1.16である。換言すれば，健常毛におけるマトリックスは，IF 成分の水和を調整する役割を果たしており，マトリックスがIF を圧縮することにより IF の水和を制御していると考えられる。

9.7　おわりに

羊毛の伸長セット，フラットセット，毛髪のウェーブセット，縮毛矯正，カラーリング，ブリーチ処理に深く係わる SS 架橋の化学と物理の一端が明らかにされた。ウェーブパーマにおけるカルボキシル基を持つ還元剤や，ブリーチ処理における過酸化水素が KAP 分子間 SS 結合を切断し，凝集構造が破壊さ

れるため，ケラチン繊維の力学物性の低下が起こることが見出され，毛髪のダメージにおける KAP 間 SS 結合の重要性が指摘された。

　繊維軸方向に配列した IF 分子を取り囲む KAP 凝集体の水膨潤によって，IF ロッド領域は KAP 凝集体から，N,C 末端鎖網目を介して強い圧縮を受け，ロッド表面の水和が調節される。KAP 凝集体の規則配列が，還元処理（パーマ）やブリーチ処理によって KAP 間 SS 結合が破壊されて不規則配列に変化する時，ロッド表面に加わる圧縮力は減少し，IF の水和が増加し，水中弾性率の減少が起こる。圧縮力の発生は，N,C 末端鎖網目の膨潤変形による分子レベルの応力ではなく，KAP 凝集体を構成するマクロ網目の変形および異なる階層にまでカスケード的に伝達されたコルテックス（CO）の外周に位置するキューティクル（CU）近傍の CU-CU，あるいは CU-CO CMC の細胞膜を取り巻くイソペプチド架橋を含む抵抗性膜に裏打ちされたキューティクル組織の変形により発生する応力との平衡が生じると推定される。

── 参 考 文 献 ──

1) W. G. Crewther；*Textile Res. J.*, **42**, 77（1972）
2) J. W. S. Hearle；*Inter. J. Biol. Macromol.*, **27**, 123-138（2000）
3) K. Arai, S. Naito, V. B. Dang, N. Nagasawa and M. Hirano；*J. Appl. Polym. Sci.*, **60**,169（1996）
4) R. D. B. Fraser, T. P. MacRae, L. G. Sparrow and D. A. D. Parry；*Int. J. Biol. Macromol.*, **10**, 106（1988）
5) J. M. Gillespie；*J. Polym. Sci.*, Part C, **20**, 201（1967）
6) H. Herrmann, S. V. Strelkov, P. Burkhard and U. Aebi；*J. Clinical Invest.*, **119**, 1772（2009）
7) D. A. D. Parry, S. V. Strelkov, P. Burkhard, U. Aebi and H. Herrmann；*Exp. Cell Research*, **313**, 2204（2007）
8) P. M. Steinert, D. A. D. Parry；*J. Biol. Chem.*, **268**, 2878（1993）
9) K. Suzuta, S. Ogawa, Y. Takeda, K. Kaneyama and K. Arai；*J. Cosmet. Sci.*, **63**, 177（2012）
10) P. M. Steinert, L. N. Marekov, R. D. B. Fraser, D. A. D. Parry；*J. Mol. Biol.*, **230**, 436（1993）
11) D. A. D. Parry, P. M. Steinert；*Quat. Rev. Biophys.*, **32**, 99（1999）

12) H. P. Erickson；"Size and shape of protein molecules at the nanometer level determined by sedimentation, gel filteration, and electron microscopy", *Biological Procedures Online*, **11**, 32-51（2009）

13) S. Ogawa, Y. Takeda, K. Kaneyama, K. Joko and K. Arai；*Sen'i Gakkaishi*, **65**, 15（2009）

14) S. Ogawa, K. Fujii, K. Kaneyama and K. Arai；*Sen'i Gakkaishi*, **64**, 137（2008）

15) K. Suzuta, M. Yoshida, S. Ogawa, Y. Takeda, K. Kaneyama and K. Arai；Proc. 12th Int. Wool Text. Res. Conf., Shanghai, vol. 2, p. 649（2010）

16) F. -J. Wortmann, C. Springob and G. Sendelbach；*J. Cosmet. Sci.*, **53**, 219（2002）

17) A. Kreplak, F. Franbourg, F. Briki, D. Leroy, J. Dalle and J. Doucet；*Biophys. J.*, **82**, 2265（2002）

18) D. S. Fudge, J. M. Gosline；*Proc. Royal Soc. London*, B271, 291（2004）

19) D. S. Fudge, K. H. Gardner, V. T. Forsyth, C. Riekel and J. M. Gosline；*Biophys. J.*, **85**, 2015（2003）

20) D. A. D. Parry；"Microdissection of the sequence and structure of intermediate filament chains", *Advances in Protein Chemistry*, **70**, 113-142（2005）

21) 新井幸三；最新の毛髪科学, pp.59-163, フレグランスジャーナル社（2003）

22) 吉田正人, 鈴田和之, 上門潤一郎；"美容処理による毛髪の結晶化度の変化", 平成25年度 繊維学会秋季研究発表会要旨集, IC07, 名古屋（2013.9）

第 10 章

パーマネントウェーブ処理による
毛髪内 SS 結合の切断と再生
～ ワンステップパーマへの夢 ～

10.1　はじめに

　パーマネントウェーブやストレート（毛髪矯正）処理は，毛髪化粧品産業において重要な技術である。還元処理による SS 結合の切断と，続く再酸化処理による結合の再生について多くの科学的研究があるが[1]～[12]，ケラチン繊維のミクロ構造内の架橋結合位置，結合数および架橋の種類に関するわれわれの知識は非常に少ない。コルテックス内の架橋について提示されたゴム弾性論を基礎にした筆者の理論の誘導には，多くの仮定が含まれている（第 5 章5.1節参照）。この架橋モデルを用いてケラチン繊維の架橋の切断と再生機構の詳細を明らかにするには，実験的検証を必要とする多くの問題が残されている（第 9 章9.3節参照）。本章では，パーマ処理毛髪の劣化に深く係わるといわれながら，未だ結論が得られていない還元処理後に行う水洗，いわゆる中間水洗処理の問題を取り上げる。力学物性におよぼす中間水洗の影響について，ゴム弾性理論から得られた毛髪繊維の架橋構造因子と水中強伸度曲線とを比較し，実験的検証を試みる。実験には，汎用の還元剤であるチオグリコール酸（TGA）を用い，中間水洗処理過程で起こる SS 架橋の切断と再生，および水中弾性率の回復機構について述べる。

10.2　パーマ毛髪の強伸度特性

10.2.1　TGA 還元と再酸化処理による毛髪の力学物性の劣化

　図10.1に，0.75M あるいは1.50M TGA 還元（20℃，20分）後水洗（窒素置換水，25℃，1分），0.5M 臭素酸ナトリウム酸化（20℃，20分）処理したパーマ毛髪の水中強伸度曲線を示す[13]。再酸化によっても元の未処理の曲線に一致せず，弾性率や切断強度の著しい低下がある。これは，パーマ処理過程で SS 結合が切断され，①システイン酸の生成[1),6)]，②ミックスジスルフィド基の生成[6),14),15)]，および③分子間 SS 結合の分子内結合への変換が起こるためである[15)]（第9章参照）。

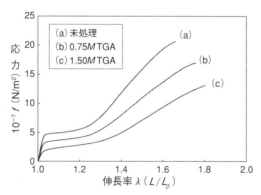

図10.1　未処理およびパーマ処理毛髪の水中強伸度曲線

(a)未処理
(b)還元：0.75M TGA，20℃，20 min,
　　水洗：25℃，1 min，酸化：0.5M 臭素酸ソーダ，20℃，20 min
(c)還元：1.50M TGA，20℃，20 min（水洗および酸化条件は(b)の記述と同じ）

10.2.2　中間水洗による SS 架橋の再生と力学物性の回復

　図10.2(a)および図10.2(b)に，それぞれ毛髪を0.75M および1.5M TGA 水溶液中20℃，20分還元後1分水洗（25℃），続いて t 時間（40℃，1/2〜72 h）窒素置換水を用いて中間水洗し，0.5M 臭素酸ナトリウムで20分再酸化後に水

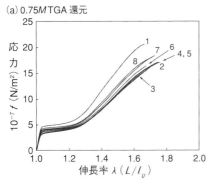
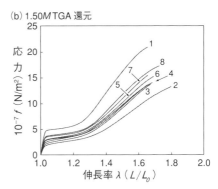

図10.2 還元後の水洗温度40℃一定（試料番号1は25℃）下で，水洗時間，t（h）を変化させて得られたパーマ処理毛髪試料の水中強伸度曲線

(a)0.75M TGA 還元：試料番号1（未処理），2（1/60），3（1/3），4（1），
　5（4），6（12），7（24），8（72）
(b)1.50M TGA 還元：温度および水洗時間 t の条件は(a)の記述と同じ。

洗・風乾したパーマ試料の水中強伸度曲線を示す[15]。水洗時間の増加に伴って，弾性率や切断強度の著しい回復が見られ，SS結合の再生が起こっていることは明らかである。

　還元反応は，式10.1および式10.2によって進行する[6]。ここで，Kはケラチン鎖，KSSKはシスチン残基，RSHはチオグリコール酸，KSSRはミックスジスルフィド残基，KSHはシステイン残基，RSSRはジチオジグリコール酸である。

$$KSSK + RSH \rightleftarrows KSH + KSSR \cdots\cdots （式10.1）$$
$$KSSR + RSH \rightleftarrows KSH + RSSR \cdots\cdots （式10.2）$$

　水洗によって，KSSK濃度が増加することは，毛髪内に吸着しているTGA（RSH）の濃度が減少し，式10.1および式10.2の平衡が左に偏り，KSSR残基の濃度減少が随伴して起こるためと考えられる。ここで，高分子と低分子との反応である式10.2に比較して，高分子どうしの反応である式10.1の速度は格段に遅く，逆反応の速度決定は式10.1に支配される[14]。

　羊毛や種々の繊維からの染料の吸脱着機構に関して，脱着速度は染料濃度と洗浄時間 $t^{1/2}$ の関係として多くの研究者により報告されている[16)~19)]。TGA分

表10.1　TGA 還元後水洗時間を変化させて得られたパーマネントウェーブ処理毛髪の水中弾性率

試　料		水中弾性率 Ew （$\times 10^{-9}$ N/m²）		回復率100（Ew/Ew_0） （%）	
未処理		1.948（$=Ew_0$）		100	
還元処理[a]		TGA 濃度（M）			
水洗処理時間[b]　t(h)	$t^{1/2}$（$h^{1/2}$）	0.75	1.50	0.75	1.50
1/60[c]	0.13	1.438	0.801	73.8	41.1
1/3	0.58	1.493	1.045	76.6	53.6
1	1	1.536	1.147	78.9	58.9
4	2	1.551	1.286	79.6	66.0
12	3.5	1.590	1.300	81.6	66.7
24	4.9	1.674	1.536	85.9	78.9
72	8.48	1.818	1.551	93.3	79.6

a）0.75M TGA（pH8.7），室温，20 min　　1.50M TGA（pH9.3），室温，20 min
b）40℃，窒素置換水
c）25℃，窒素置換水

子の水洗による脱着速度が，染料分子と同様に水洗時間 t の平方根に比例する時，水中弾性率 Ew の回復率である Ew/Ew_0 は $t^{1/2}$ に比例すると考えられる。ここで，Ew_0 は未処理繊維の水中弾性率，Ew は中間水洗処理したパーマ毛髪の水中弾性率である。表10.1は，図10.2の強伸度曲線にもとづいて得られた弾性率の値を示す。また，図10.3に Ew/Ew_0 と $t^{1/2}$ の関係を示す。1.50M TGA に比較して濃度の低い0.75では，非常に良い直線関係が得られた。一方，濃度の高い前者の場合には，還元反応速度が高く，処理の不均一性が助長され，測定繊維試料の長さ方向における膨潤度の不均一性によるデータの散逸が生じたため，直線性がやや低下したものと思われる。いずれにしても，両者の直線関係からいえることは，TGA 分子の系外への拡散に続いて，反応の速度決定項である式10.1の逆反応が生起することによって SS 架橋が生成し[13]～[15]，結果として弾性率や力学物性の回復につながったことが示唆される。

　ここで，最も注目に値することは，ケラチン繊維の水中強伸度曲線に観察される特徴的な三つの領域（第8章　図8.3参照）が SS 結合によって維持されて

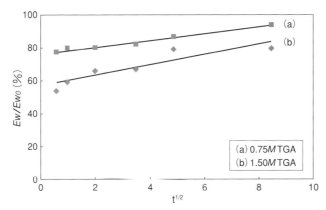

図10.3 図10.2(a)(b)のデータから得られたパーマ処理毛髪の水中弾性率に
対する未処理試料の値 Ew/Ew_0 (%) と，$t^{1/2}$ との関係

いることである。SS 結合の回復は，同時にミクロ構造内の水素結合，イオン
結合，あるいは疎水性相互作用の回復を助長していることである。ケラチン繊
維の各種物理的および化学的修飾に関して，分子間 SS 架橋結合の相対的位置
の確保こそが，処理による力学的ダメージを阻止するのにいかに重要かを理解
することができる。ここで読者は，ケラチン物性を支配する SS 結合が毛髪コ
ルテックス内のどこに存在するのかということに興味をそそられるであろう。

10.3 膨潤毛髪の構造パラメータにおよぼす中間水洗の影響

第5章において，直列2相モデルを膨潤毛髪や還元後中間水洗処理したパー
マ毛髪に適用して，SS 架橋構造の特性化を行った（第5章 5.3節参照）。表
10.2に1.5M 還元パーマ毛髪から得られた構造パラメータの結果を示す。ずり
弾性率 G は，式5.5により定義され，IF 鎖の架橋間分子量 $M_{c,IF}$，毛髪繊維中
の KAP の体積分率 ϕ'_d（$= \phi_d/\nu_2$），および KAP 分子の凝集分子数に関係する
構造パラメータ κ を含んでいる。G 値は，毛髪コルテックス内の SS 架橋量に
直接関係する量であるが，水洗時間の増加に伴って増加する傾向を示している

**表10.2　未処理毛髪および1.50M TGA還元処理に続いて水洗後再酸化処理した
SS架橋の構造因子**

水洗処理条件		$10^{-6}G$ (N/m^2)	ν_2	κ	ϕ_d	ϕ'_{d0} $(=\phi_d/\nu_2)$	$M_{c,\text{IF}}$ (g/mol)	$10^6/2M_{c,\text{IF}}$ $(\mu\text{mol/g})$
温度(℃)	時間(h)							
未処理		$4.19(=G_0)$	0.584	1.66	0.334	0.572	3,500	144
25	1/60	0.73	0.370	1.12	0.135	0.365	4,300	116
40	1/3	1.08	0.400	1.23	0.153	0.383	3,600	116
	1	1.17	0.427	1.24	0.177	0.415	3,800	132
	4	1.38	0.482	1.26	0.206	0.427	3,900	128
	12	1.66	0.510	1.35	0.224	0.439	3,900	129
	24	2.07	0.524	1.43	0.249	0.475	3,800	133
	72	2.41	0.518	1.52	0.260	0.502	3,600	137

ので，水洗によりSS架橋が再生されることを示唆している。IF鎖の$M_{c,\text{IF}}$あ
るいは$10^6/2M_{c,\text{IF}}$値は水洗処理時間に依存せず，ほぼ一定値を示している。こ
れは，元のIF鎖のSS結合の種類や量にほとんど変化はないことを示唆して
いる。したがって，G値の変化は還元によって破壊されたKAP凝集体の架橋
構造の変化に起因することは明らかである。形状因子κとKAP分子の凝集状
態を示すパラメータϕ_dおよびϕ'_d値の変化について，第9章　9.3節以下の記
述を敷衍し，説明する。

　未処理試料のκ値は1.66で，KAP凝集体は楕円体として挙動しているが，
還元後1/60h水洗，酸化した状態では，$\kappa=1.12$の球状粒子にまで破壊される。
しかし，水洗時間が増加するとKAP分子の集合は徐々に増加し，水洗時間72
h後には未処理の約92%（＝1.52/1.66：表10.2，第5欄参照）まで回復する。
これはKAP分子表面のSS架橋が再生され，未処理試料に存在した元の秩序
構造に近い凝集体の再構成が，徐々に進んだ結果と考えられる。

　KAP分子間架橋の生成による凝集体の形状回復は，マトリックス成分の体
積分率の増加に寄与するであろうか？1/60h還元後に，未処理の値の約40%
（＝0.135/0.334：表10.2，第6欄，ϕ_d値参照）に低下した膨潤体中のマトリッ
クスの体積分率ϕ_dは，72h水洗後に約80%（＝0.260/0.334）に回復する。

SS架橋密度の非常に高い球状のKAP分子は膨潤しないという仮定（第5章式5.7）に立っているので，膨潤体中のマトリックスの体積分率 ϕ_d が増加するのは，膨潤ゴム相の体積分率 $1-\phi_d$ の減少によっている。膨潤体中の乾燥毛髪の体積分率として実験的に求められた ν_2 の値が，水洗時間が増加するにつれて同じように増加するのは，膨潤体中のゴム相の体積分率の減少，換言すればIF分子間のSS架橋の増加によると考えられる。しかし，IFタンパク質の架橋密度は $1/3 \sim 72\,h$ の水洗時間を通して，ほとんど変化が見られない（表10.2参照）。この理由の一つは，G 値へのSS架橋の寄与が，IF成分タンパク質に比べてKAP成分がより大きいことに起因するためと考えられる。誘導された状態方程式からいえば，第5章（式5.5）のフィラー効果を示す γ 項（式5.6）の寄与が大きいことに相当する。フィラー効果 γ のうち，膨潤ケラチン繊維のずり弾性率 G 値に最も影響するのは形状因子 κ であることがわかっている（第9章 9.3.2項参照）。しかし，水洗時間の増加に伴う ϕ_d 値の見掛けの増加と $M_{c,\mathrm{IF}}$＝一定の結果から，「KAP分子は膨潤しない」という仮定を検証することはできない。「IF＋KAP」凝集構造からケラチン物性が発現されると考えれば，$M_{c,\mathrm{IF}}$（$10^6/M_{c,\mathrm{IF}}$）＝一定の理由が説明できるように思われる。

水洗時間が増加するにつれて，ν_2 は増加する（表10.2，第4欄）。換言すれば，膨潤毛髪の脱膨潤が起こり，徐々に膨潤度が減少することによっている。これは，球状マトリックス粒子間のSS結合の再生により，膨潤したIFタンパク質がIFを取り巻くKAP凝集体から圧縮応力を受けて，膨潤溶媒が系外に排出されたものと思われる。ゲルに架橋が導入される時，溶媒が外部に「にじみ出る」現象に類似している。つまり，中間水洗過程で，$M_{c,\mathrm{IF}}$＝一定でIF分子間架橋量に変化がなくとも，KAP凝集体の圧縮応力の増加によって，IF網目鎖の見掛けの架橋密度の増加にKAP分子間架橋の増加が間接的に寄与していると考えることができる。ここで，「IF＋KAP」凝集構造からのケラチン物性の発現に関して，球状タンパク質であるKAPの凝集構造の再生それ自身が，図10.2に見られる切断に至るまでの強伸度特性の回復に直接関係すると

は思われない。なぜなら，強伸度曲線の形を決める応力維持成分は，繊維状タンパク質であるIFセグメントであるから，上記の推論を支持している。IFフィラメントの膨潤とKAP凝集体の圧縮については，第9章 9.4節および9.5節，図9.14および図9.15を参照されたい。また，IFタンパク質の膨潤と強伸度特性に関する実験的根拠については，ブリーチ処理によるマトリックスタンパク質の溶出の項（第9章 9.6.2項）で詳細に記述した。

10.4　ずり弾性率 G/G_0 と中間水洗時間 $t^{1/2}$ との関係

図10.4に G/G_0 と水洗時間の平方根との関係を示す。$1.50M$ TGA還元の場合の G 値は表10.2，第3欄の値である（$0.75M$ TGA場合に相当する表は割愛した）。いずれも非常に良い直線関係が得られた。G 値はKAP分子の凝集体の形状（κ）に大きく依存するので，この結果はKAP間SS結合の再生によると結論される。表10.3に，中間水洗処理時間72 h 後の水中弾性率の回復率 Ew/Ew_0 および，ずり弾性率の回復率 G/G_0 を示した。特筆すべきは，Ew/Ew_0 に比較して，G/G_0 値がいずれのTGA濃度でも非常に低いことであ

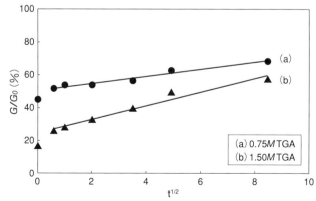

図10.4　還元に続く水洗時間 t（h）を変化させて得られたパーマ処理毛髪膨潤体のずり弾性率に対する未処理試料の値 G/G_0（%）と $t^{1/2}$ との関係

表10.3　中間水洗処理時間72 h 後の水中弾性率およびずり弾性率の回復率

TGA 濃度（M）	Ew/Ew_0（%）	G/G_0（%）
0.75	93.3	68.3
1.50	79.6	57.5

る。前者は水中における伸長挙動にもとづき，後者は膨潤繊維の伸長にもとづいて見出された KAP 分子間架橋結合の回復率である。両者に見られる回復速度ならびに回復率の著しい相違は，両者の弾性率支配を担う SS 架橋結合の種類に大きな違いがあることを示しているように思われる。IF/KAP 間（IF 末端鎖領域と KAP 分子間）に存在する分子間結合は，他の分子間結合に比べて大きな応力 – ひずみ環境下に置かれていると考えられ，加水分解を受けやすいことがわかっている[20]（第 5 章 5.4節参照）。TGA 還元に対しても，この SS 結合はかなり敏感に反応すると推定されている（第 9 章 9.3.2項参照）。水中では，KAP/IFs 間の凝集力が強固に作用し，この特異な位置にある SS 架橋結合（[SS]$_{\text{E-KAP}}$）を遮蔽するのに対して，膨潤状態では遮蔽効果は失われ，開放構造を取り，あらわに膨潤体の伸張物性に影響をおよぼすと推定される。これまで議論した内容を，簡単に次のようにまとめることができる。

10.5　まとめ

①中間水洗により還元反応の逆反応が起こり，KAP-KAP 間 SS 結合が再生されると同時に毛髪の膨潤度が減少する。

②SS 結合の再生により KAP 凝集体の秩序構造が回復し，水和 IF は均一に圧縮・脱水和され，処理により劣化したパーマ毛髪の弾性率や強伸度特性が，未処理毛髪の特性値に向かって回復する（図10.3(a)および図10.3(b)参照）。

③Ew/Ew_0 と G/G_0 の回復率の相違および G/G_0 値の異常な低下は，水中および膨潤環境下に置かれた毛髪の力学物性におよぼす架橋の影響が著しく異なることが示唆される。

10.6　おわりに（ワンステップパーマへの夢）

　パーマネントウェーブやストレート処理に種々の還元剤が用いられている。還元剤は分子の極性，大きさ，還元力，溶解性，使用 pH 範囲など，それぞれがさまざまな異なる特徴を持っている。還元剤のうち TGA は，半世紀にもわたって使用されている汎用の還元剤で，人体に対する感作も比較的少ないといわれている。これまで，TGA に関して厖大な研究があるが，TGA の平衡反応論にもとづく還元反応の利用の観点からの研究は見られない。本章では，中間水洗による TGA（RSH）分子の繊維外への拡散過程は，式10.1に速度支配を受け，式10.1の逆反応によって KSSR（ミックスジスルフィド基）を系から取り去ると同時に KSSK（ジスルフィド架橋）を回復できることを解説した。しかし，原理的に回復できたとしてもヘアサロンで応用可能でなければ，単なる夢に終わってしまう。この中間水洗の方法には限界があると思われる。

　なぜなら，① RSH 分子の水洗除去による逆反応は，主として式10.1に依存する反応で効率が悪いこと，②平衡反応は pH8.5以上でスムーズに進行するので，水洗処理はこの条件を満たしていないこと，③固体反応であるから，RSH との水素結合手の存在や RS⁻ 近傍のイオン雰囲気によって，逆反応が抑制されること，④平衡反応は100％の収率を理論上期待できないため，RSH 分子種や KSH（システイン残基）を系から完全に除去することはできないからである。特に，④項は，系に 1 mol の SH 基（RSH あるいは KSH）が存在すれば，KSSK や KSSR を還元し，2 mol の SH 基を生じ，2 mol の SH 基は 4 mol の SH 基を生成することになり，「ねずみ算」式に SH 基を増殖させることになる。平衡反応を利用して，KSH や KSSR 基のすべてを KSSK に変換できないばかりでなく，少しでも RSH や KSH 基が残存すれば，短時間内に毛髪は再還元されてしまう。平衡反応を利用して，ワンステップパーマが実現したとしても，SH 基を完全に不活性化する操作として，封鎖剤や酸化剤の使用は欠かせないと考えられる。

　解決策として，①項に対しては式10.1と式10.2を同時に利用することによって，より容易に逆反応を進行させることができること，②項のpHは，およそ8.5程度に維持することが望ましいこと，③項のイオン雰囲気を，低分子イオンを系に介在させて平衡移動しやすくすることが挙げられる。以上は低分子還元剤の問題を抽出したが，以下に毛髪サイドの問題を考える。

　パーマ処理による毛髪の膨潤はダメージを惹き起こし，厄介な問題となっている。特に，TGAによる膨潤度の増加は著しく，それを回避する手段としてTGAアンモニウム塩が用いられる。この塩は，パーマ処理のすべての過程でナトリウム塩より膨潤度を低下させ，ダメージの問題を幾分か少なくすることができる。還元過程で不可避的に生成するKSSR基の水和は，膨潤度をさらに増大させる。還元に続く酸化処理法では，KSSR基を系から除去する一般的方法は見出されていないが，ある特別な還元系，RSH：RSSR＝9：2混合系ではKSSRは生成せず，ダメージの少ないパーマ処理の処方として知られている[14]。

　一方，平衡反応の利用には，膨潤による反応性（逆反応速度）の増加が期待される。膨潤前処理は固体反応の常套手段である。アンモニウム塩に換えて，水和度の高いナトリウム塩の利用は最適である。なぜなら，KSSRは系から除去されKSSKが再生し，脱膨潤が効果的に起こるからである（表10.2参照）。

　読者はすでに，式10.2の反応に期待を込めて，還元後DTDGを系に添加することの意味を理解されるであろう。ずっと以前から「スポイト法」が美容師の一部の人の間で行われていた。還元後，スポイト（5〜10mℓ）でわずかの水を振りかけて洗浄（？）し，直ちに，再び酸化剤を同じタイプのスポイトでカーラーに巻いた毛束に振りかける方法である。内容を考えると，洗浄過程で毛髪繊維間に毛細管現象を利用して水分を補給し，還元で生じた余剰のTGA溶液を繊維間隙に誘導してから酸化剤を加えると，TGAは酸化されDTDGが生じる。このDTDGは，式10.2の逆反応を進行させる役割を果たしているとすれば，まことに驚嘆に値する発見であったという以外にないのである。もう

一度，パーマの方法を温故知新にならって再検討することが望まれる。

（平成27年 3 月29日　記）

—— 参 考 文 献 ——

1) H. Zahn, S. Hilterhaus and A. Struessmann；*J. Soc. Cosmet. Chem.*, **37**, 159（1986）
2) F. -J. Wortmann, N. Kure；*J. Soc. Cosmet. Chem.*, **41**, 123（1990）
3) M. Feughelman；*J. Soc. Cosmet. Chem.*, **41**, 209（1990）
4) M. Feughelman；*J. Soc. Cosmet. Chem.*, **42**, 129（1991）
5) R. R. Wickett；*Cosmet. & Toilet.*, **106**, 37（1991）
6) M. A. Manuszak, E. T. Borish and R. R. Wickett；*J. Soc. Cosmet. Chem.*, **47**, 213（1996）
7) M. Okano, H. Oka, T. Hatakeyama and R. Endo；*J. Soc. Cosmet. Chem. Jpn.*, **32**, 43（1998）
8) R. Kon, A. Nakamura, N. Hirabayashi and K. Takeuchi；*J. Cosmet. Sci.*, **49**, 13（1998）
9) N. Nishikawa, Y. Tanizawa, S. Tanaka, Y. Horiguchi and T. Asakura；*Polymer*, **39**, 3835（1998）
10) S. Ogawa, K. Fujii, K. Kaneyama and K. Arai；*Sen'i Gakkaishi*, **64**, 137（2008）
11) A. Kuzuhara and T. Hori；*J. Mol. Struct.*, **1037**, 85（2013）
12) K. Joko, H. Takahashi, Y. Takeda and A. Osaki；*Sen'i Gakkaishi*, **70**, 152（2014）
13) K. Suzuta, K. Hamada and K. Arai；*Sen'i Gakkaishi*, **71**, 112（2015）
14) S. Ogawa, Y. Takeda, K. Kaneyama, K. Joko and K. Arai；*Sen'i Gakkaishi*, **65**, 15（2009）
15) K. Suzuta, S. Ogawa, Y. Takeda, K. Kaneyama and K. Arai；*J. Cosmet. Sci.*, **63**, 177（2012）
16) J. H. E. Jackson, H. A. Turner；*J. Soc. Dyers Colour.*, **68**, 345（1952）
17) C. H. Nicholls；*J. Soc. Dyers Colour.*, **72**, 479（1956）
18) K. Hamada, K. Amachi, K. Yonetake, T. Iijima and R. McGregor；*Polym. J.*, **19**, 701（1987）
19) H. Shin, S. Tokino and M. Ueda；*Sen'i Gakkaishi*, **55**, 155（1999）
20) K. Arai, S. Naito, V. B. Dang, N. Nagasawa and M. Hirano；*J. Appl. Polym. Sci.*, **60**, 169（1996）

ま　と　め

　ケラチンコルテックスを構成するミクロフィブリルやマトリックスのSS架橋構造，すなわち架橋の位置，種類および数に関する著者とその共同研究者の一連の研究を中心に据えて，羊毛や毛髪の力学物性の発現と階層構造との関係を論じた。

　非常に古くから謎に満ちた羊毛ケラチンの問題として，「羊毛繊維を沸騰水中数ヵ月間処理してもαヘリックス鎖は安定であるが，ミクロフィブリル間に存在するわずかのSS結合を還元切断した羊毛繊維を高温の水中で処理すると，配向の乱れたβ鎖に変化する」ことがわかっている。これは，円筒状のミクロフィブリル間のSS結合の濃度が非常に低いのに，なぜ，α鎖の形態安定化が起こるのかという問題を提起している。分子レベルの問題として多くの場合説明されているが，マクロレベルの問題ではないのか？円筒上に生じる外部圧（External pressure）によるのではないか？これこそ深い洞察に満ちた問題の提起であり，正しく階層構造の問題であった。

　羊毛繊維や織物を沸騰水処理すれば，SS結合は安定な新しい架橋結合に変換され，形態は永久に固定される。この自己架橋化反応速度は，SS結合のミクロ構造内の存在位置によって大きく異なることが見出された。この構造変化を，膨潤体の伸長変形曲線におけるずり弾性率（G）の変化として捉え，IF鎖の架橋密度（ρ/M_c），球状マトリックスの体積分率（ϕ_d）およびマトリックスの形状因子（κ）をGの関数とする直列2相モデルにもとづいて誘導され

た状態方程式を適用して，実験曲線へのフィッティングにより構造パラメータ
として求めた。

　IF 鎖のうち，ロッド領域には分子間 SS 結合 3 mol，N,C 末端鎖間には 8
mol，N,C 末端鎖と球状マトリックス間に 2 mol，IF ロッドと N,C 末端鎖間
の分子内に 4 mol，および N,C 末端鎖内に 4 mol で計 21 mol の架橋が平均分
子量 50,000 の分子に存在することがわかった。さらに，球状マトリックス
（KAP）分子は，羊毛では IF 鎖当たり 3 mol，毛髪では 6 mol 凝集して IF 分
子を保護していることもわかった。また，KAP 分子内の SS 結合数は羊毛で
13 mol，毛髪で 17 mol であり，毛髪の方が硬い構造を持つこと，および KAP
分子表面の結合サイト数は約 4 mol であることもわかった。

　羊毛のセット，毛髪のウェーブセット，縮毛矯正，カラーリング，ブリーチ
処理に深く係わる SS 架橋の化学と物理の一端が明らかにされた。ウェーブ
パーマにおけるカルボキシル基を持つ還元剤やブリーチ処理の過酸化水素が
KAP 分子間 SS 結合を切断し，凝集構造が破壊されるため，ケラチン繊維の
力学物性の低下が起こることが見出され，毛髪のダメージにおける KAP 間
SS 結合の重要性が指摘された。今後は，他の還元剤の KAP 間 SS 結合へ求核
攻撃の態様を明らかにすることが必要である。

　繊維軸方向に配列した IF 分子を取り囲む KAP 凝集体の水膨潤によって，
IF ロッド領域は KAP 凝集体から，N,C 末端鎖網目を介して強い圧縮を受け，
ロッド表面の水和が調節される。KAP 凝集体の規則配列が還元処理（パーマ）
によって KAP 間 SS 結合が破壊されて不規則配列に変化する時，ロッド表面
に加わる圧縮力は減少し，IF の水和が増加し，水中弾性率の減少が起こる。
圧縮力の発生は，KAP 凝集体を構成するマクロ網目の変形と異なる階層にま
で伝達された変形が，コルテックス（CO）の外周に位置するキューティクル
（CU）近傍の CU-CU あるいは CU-CO CMC を取り巻くイソペプチド架橋を
含む抵抗性膜上にまでおよび，CU 近傍の膜上に発生する応力との平衡が生じ
ると思考される。

索　引

新井　幸三（Kozo ARAI）

KRA 羊毛研究所 所長

〈 著 者 略 歴 〉

1931年（昭和6年）1月10日生まれ
1951年　桐生工業専門学校（群馬大学工学部の前身）
　　　　化学工業科卒業
1966年　群馬大学工学部高分子化学科助手
1970年　繊維学会祖父江記念賞受賞
1972年　工学博士（東京工業大学）
1974年　同科助教授
1981年　繊維学会賞受賞
1986年　生物化学工学科教授
1996年　定年退官
1998年　繊維学会功績賞受賞

現在の専門：天然繊維の構造と物性

本書は，株式会社 繊維社より下記の履歴の通り刊行された書籍を加筆修正したものである。

第1版　2014年6月18日発行
第2版　2015年6月12日発行

増補改訂版

ケラチン繊維の力学的性質を制御する階層構造の科学

初　版　2020年4月24日発行

編　　　集／繊維応用技術研究会
著　　　者／新井　幸三

発　行　所／株式会社 ファイバー・ジャパン
　　　　　　〒661-0975　兵庫県尼崎市下坂部3-9-20
　　　　　　電　話　06-4950-6283　　　ファクシミリ　06-4950-6284
　　　　　　E-mail：info@fiberjapan.co.jp　　https://www.fiberjapan.co.jp
　　　　　　振替：00950-6-334324
印刷・製本所／尼崎印刷株式会社